U0158437

收放自如才是家 II

扫除大作战

吴希塔 著·绘

广西师范大学出版社

·桂林·

图书在版编目（CIP）数据

收放自如才是家．Ⅱ，扫除大作战／吴希塔著、绘．—桂林：广西师范大学出版社，2023.10
ISBN 978-7-5598-6278-5

Ⅰ．①收… Ⅱ．①吴… Ⅲ．①家庭生活－基本知识 Ⅳ．① TS976.3

中国国家版本馆 CIP 数据核字（2023）第 153462 号

收放自如才是家．Ⅱ，扫除大作战
SHOUFANG ZIRU CAISHI JIA．Ⅱ，SAOCHU DAZUOZHAN

出 品 人：刘广汉
责任编辑：孙世阳
装帧设计：康小杭　马韵蕾

广西师范大学出版社出版发行

（广西桂林市五里店路 9 号　　邮政编码：541004）
（网址：http://www.bbtpress.com　　　　　　　　　　　　）

出版人：黄轩庄

全国新华书店经销

销售热线：021-65200318　021-31260822-898

凸版艺彩（东莞）印刷有限公司印刷

（东莞市望牛墩镇朱平沙科技三路　邮政编码：523000）

开本：787 mm×1 092 mm　　1/32

印张：7.5　　　　　　　　　字数：100 千

2023 年 10 月第 1 版　　　　2023 年 10 月第 1 次印刷

定价：78.00 元

吴希塔

- 设计师　收纳师　作家　画家
- 展览展示设计总监　沪上业内二十年设计资历
- 上海交大教育集团　整理收纳师培训课　指定讲师
- 日本整理收纳专家协会收纳顾问
- 三级整理法、整理平衡法理论提出者
- 新浪微博2020十大影响力家居大V

吴希塔-生活美学

序

吴希塔

　　在家事和家务上，每个人都有熟悉且适合自己的方法，我也不例外。

　　我每天都有大量的工作，还要照顾刚上小学的孩子，父母年事已高，也需要定期照看，高效且快速地完成烦琐的家务，是我一直以来所追求的。在结婚后的20年里，我慢慢总结出了适合自己且能让居家环境长期保持洁净的家务整理法——之所以叫作家务整理法，而不是家务清洁法，是因为家务不仅是清洁，学会整理和规划才是保持整洁的基础。

　　我在上一本书《收放自如才是家》里编写了简单的"家务时间表"，把家务分成日、周、月及季度清洁四级，我开设的非常受欢迎的"家务教室"课程，就是以"家务时间表"为基础编写的。在这几年的上课过程中，我又重新做了优化，除了日常清洁整理和每周的补充清洁，还把家务按照季节的轮转来安排。我把这些方法称为"1小时随手清洁法""周末加强法""四季整理法"。这样的安排及频率适合大多数人，上班族、自由工作者、家庭主妇都可以按照适合自己的节奏完成家务整理工作。

目录

家，应指人，不是房子，
但我忘不了从前的老屋。

⇨ 1 小时随手清洁法

那我们就从日常清洁开始吧。

我的日常清洁实施的是 1 小时随手清洁，就是每天用大约 1 小时来完成当天的清洁整理工作。

这 1 小时分为早、晚两个部分，早上 20 分钟，晚上 40 分钟。根据我的经验，加上大量学员的反馈，每天 1 小时是比较合理的时长，短于这个时长，日常的家务很难全部做完，太长又会影响生活的其他方面。日常的这 1 小时最为重要，把这 1 小时做好，一个家的精气神就迸发出来了，即便不经常大扫除，家里也依旧会保持"闪闪发光"的状态。

每天都要这样做太累了吧？上了一天班回来还要做家务，太辛苦了……

但是想到每天都可以在清洁的家中醒来，下班后进门一切都整齐有序，在无油污的厨房中做饭，在亮晶晶的水龙头下清洗，那份愉悦感是什么都替代不了的啊。这1小时做的都是随手就能做完的家务，无须额外占用过多的时间，再借助一些机器，操作起来并不是什么难事。

是吗？我想看看究竟是怎么操作的。

那就来吧。

▶ 20 分钟的早晨

20 分钟能做些什么呀?

将这 20 分钟切割成 4 个 5 分钟,我们在不知不觉中就能完成家务,从而开启整洁的一天。

20 分钟的早晨

早餐后的整理 ⇨ 餐桌及其附近地面、厨房使用过的位置整理干净。

浴室的简单清洁 ⇨ 用过的浴室柜简单冲洗干净,不要留有毛发等,水龙头、镜子擦干,这样能最大限度地避免留下水渍。

衣物的晾晒 ⇨ 把前一天晚上预约洗的衣物晾晒起来或者放入烘干机。

卧室的归位 ⇨ 起床后,把被子内部翻开散气,先去做其他事,等上述家务做完后再整理床铺。

我怎么用 20 分钟做不了这么多？还经常搞得乱七八糟，毫无头绪。

家务的正确顺序很重要啊，还要学会统筹时间，让我们看看能更快完成家务的顺序是什么样的。

▶ **早晨 20 分钟的家务步骤：**

1. 起 床

被子翻面散气，房间开窗通风。

2. 洗衣机里的衣物取出晾晒

将洗衣机的硅胶圈和门用毛巾或者一次性抹布擦干以避免发霉，门打开后勿关。

3. 准备早餐，同时可以洗漱

4. 早饭后把餐桌及地面
残渣清理干净

地面用吸尘器、洗地机清理均可。

5. 收拾厨房

收拾厨房很麻烦，什么样的工具好用呢？好用的工具一定能让我的速度更快吧！

不只是快，是又快又好呢！

在进行厨房日常清洁前，让我们先了解一些工具和清洁剂。

在厨房清洁中，抹布是举足轻重的，抹布的卫生情况和人的健康息息相关，所以绝不能一块抹布用遍整个厨房。

▶ **厨房抹布的种类：**

洗碗专用抹布

▪ 选择吸水性强、去油性好、易清洗的材质，如木浆棉海绵和百洁布，也可用一次性抹布。

灶台、台面、墙壁共用抹布

▪ 可选择超细纤维抹布、普通棉纱抹布，也可选择一次性厨房湿巾。

擦水槽专用抹布

▪ 普通百洁布即可。

擦地面抹布

▪ 可用一次性抹布。

抛光用抹布

▪ 用鱼鳞布或其他不留纤维的布。

餐具擦干专用布

▪ 用吸水性好且易干的抹布或厨房纸巾。

光是抹布都有这么多讲究啊!

是啊,清洁厨房一定不能混用抹布,而且不同种类的抹布功能也是不一样的。

木浆棉海绵
起泡多,易清洗,干得快,适合洗碗。

超细纤维抹布
吸水性好,擦过不留纤维,适合擦家具、台面等。

百洁布
一面硬一面软,硬面用来摩擦顽固污渍,软面用来日常清洁,适合擦锅具、水槽及一些局部污渍。

鱼鳞布
抛光一流,适合不锈钢、玻璃面清洁后的收水及抛光,要干用或者略潮时使用,完全打湿后就失去了原有功能。

一次性抹布
材质有多种,有厚有薄,懒人一次性抹布和椰壳一次性抹布作为辅助是不错的选择。

一次性厨房湿巾
一般都含有去油污的清洁剂,可以直接用来擦拭烟灶、墙面、台面、小家电表面,方便好用。

当然，还有其他好用的抹布：竹纤维抹布、神奇抹布、木浆棉抹布等，选择适合自己的，并用在合适的位置，才是最好的。

厨房除了抹布外，还要准备一些其他清洁工具，这样才能把清洁全方位地做好。

那还有些什么样的工具呢？让我看看。

铜丝球

▪洗不锈钢、精铁、陶瓷制品均可，质地相对比较软，且不易伤锅，但涂层锅不可使用。

tips：铜丝球价格差异比较大，有些品牌虽然价格高，但质量也更好，不易破损和掉屑。

▶ **厨房其他清洁工具：**

纳米海绵

▪三聚氰胺硬化后的产品，是非常好的清洁工具，但容易破碎和掉屑。

锅刷

▪ 清洗锅具可用锅刷，也可用百洁布，百洁布选择含砂或带有研磨颗粒的，清洁力度更强。

细缝刷

▪ 遇到难清洁的角落，细缝刷非常适合。

塑料铲

▪ 辅助铲除油点、焦垢等。

金刚砂海绵擦

▪ 在摩擦锅具局部焦渍时快速有效，但会留下划痕，涂层锅不可使用。

tips：小图中橘色金刚石除焦痕纸较细腻，不易留下划痕。

双头刷
或其他大一些的硬毛刷

▪ 两端分别是硬毛和软毛，墙面缝隙、角落等位置常会用到。

光有清洁工具也是不够的，要有好用的清洁剂相配合。

有哪些有效的清洁剂呢？

①

洗洁精

▪ 选择天然、安全、高效的洗洁精很重要，好的洗洁精可以承担餐具、蔬果、抹布甚至中等油污的清洁。

②

洗碗膏

▪ 泡沫丰富、去污力强，且成分天然。

▶ **厨房的基本清洁剂：**

③

小苏打

▪ 兑热水稀释后，成为碱性清洁剂，用来擦柜门、隔板、墙面、冰箱、小家电、烟灶的轻度污垢，煮洗烧焦的锅具效果很好。

tips：小苏打须用高于50℃的热水溶解，彻底溶解后液体透明而无沉淀，装入喷瓶后不会堵喷头。

柠檬酸

▪ 主要用来除水垢，不锈钢锅用它煮水清洁特别光亮，水壶内加它煮洗能完全去除水垢，水龙头、水槽上的水垢也可以用它去除。

氧净

▪ 主要成分是过氧碳酸钠，去油效果非常好，可以用来去除重油污、泡洗厨房抹布、清洗锅具等。

不锈钢膏

▪ 可以用其通过物理摩擦去除污渍，如焦渍、锈渍、油垢等。

以上都是基本配置，清洁厨房，这些必不可少。

油污净

▪ 快速解决油污，直接喷在油污处配合纳米海绵或抹布擦拭。

一般来说,早餐不会太复杂,厨房也不会有很多油污,早晨的时间紧张,必须高效。

起床啦!

▶ **早晨快速收拾厨房的顺序:**

① 将水温设定为 50℃以上,先把餐具放入水槽后注水,保证每个餐具都能被浸泡到。

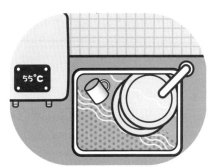

② 浸泡的同时清洁灶台和台面。

■ 如有洗碗机,就会方便很多,餐具、锅具都可直接放入。

洗碗机

③ 此时再来洗餐具就相对容易了，水热一些的话，连清洁剂都不需要就能洗净，洗好放进沥干篮。

④ 在干净的容器中注入 50～55℃的热水，加入适量氧净，把抹布置入氧净水中即可。

▪氧净可起漂白、杀菌的作用。

⑤ 换抹布擦地。擦地有很多清洁工具，洗地机非常适合厨卫空间，在吸拖的同时进行还能自动清洁，省时省力。当然，传统方法依旧是最主流的方式，我们可以学习一些小技巧来减少工作量。

tips：我们可以准备小块的废布，将旧毛巾、T 恤等裁成小块叠齐，做饭时拿出一块使用，打湿后用脚就可以及时擦除溅出的油点，最后再把地面整体擦干净后直接扔掉（或洗净再使用一天后扔掉）。也可使用一次性抹布或厨房湿巾先擦烟灶、台面，搓洗干净后再擦地。

调回常温

40℃

⑥ 最后，把水槽冲洗干净，将水温调回正常温度。

▪有恒温龙头的话，就不需要这么麻烦了。

tips：厨房清洁一定要用热水，水温在 50 ~ 60℃，低于50℃分解油污能力不够，高于60℃戴手套也受不了，每顿饭后都用热水做清洁几乎可以不用清洁剂。

6. 收拾卫生间

▶ **早晨简单收拾卫生间的程序如下：**

卫生间的主要清洁区域为干区，顺序
是从上而下。

▪ 所谓干区是指除淋浴区以外的区域。

① 把有水渍的镜子擦干净。

② 冲洗洗脸池，之后用普通
的面巾纸就能把水龙头擦亮。

▪ 准备清洁力度强的专用百
洁布，也可使用一次性洗脸
巾等，赶时间的上班族无须
使用清洁剂。

③ 用水刮清理地面，把头发、纤维碎屑、污水等从四周往中间刮，聚拢后用纸巾擦拭包裹后扔掉即可，最后洗手。

▪ 或使用小拖把直接拖干净，但由于拖把需要清洗，这步可在冲洗洗脸池前进行。

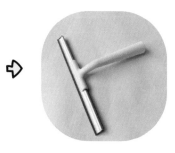

tips：现在也有洗地机这样的工具，吸拖一体，能迅速清洁地面。

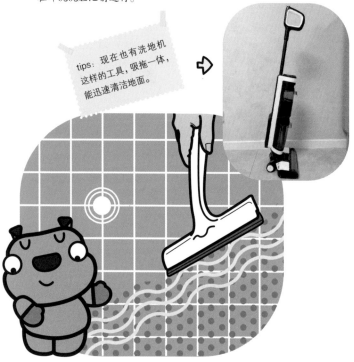

7. 整理床铺

床铺使用粘毛器清理后，铺平即可。

▪ 时间充裕的可用除螨仪或吸尘器深度清洁。

tips：除螨仪和强力吸尘器能更彻底地清理干净床铺。

在吸尘前可用静电除尘掸给家饰、家具掸尘，因为卧室是全家纤维灰尘最多的地方。把这里清理干净，灰尘就不会随着人的走动被带到其他区域。

▪ 卧室里有织物纤维、衣物纤维、毛发、长居于空气中的灰尘、螨虫等。

tips：静电除尘掸会在摩擦过程中产生静电，通过静电吸附灰尘、毛发，因此不会像普通掸子那样扬尘。

早上的所有家务就这样在 20 分钟内完成了。时间较充裕的家庭主妇还可以做得更细致些，上班族也可以简化些，没有统一标准，控制在自己能接受的范围内是最重要的。

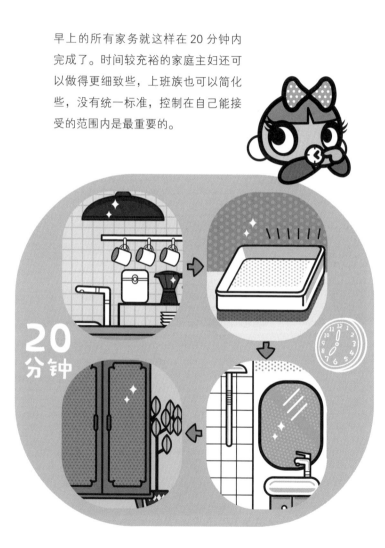

▶ 40 ～ 50 分钟的夜晚

夜晚相对于早晨来说时间会充裕很多，所以很多清洁步骤都要更细致些，但也不外乎下面的 7 件事。随手把这 7 件事做好，家里就能长期保持整洁的状态。

40 ～ 50 分钟的夜晚

到家的随手归位

晚饭后厨房的清洁

掸尘

地面吸拖

睡前归位

沐浴前后卫生间的整理

检查需充电的小家电、预约的电器、煤气和电的使用情况

在此基础上，清洁步骤可以根据自身环境和习惯进行调整，一项项按照顺序做，其实工作量并不大。

时间充裕、状态好时可以多做些，压力大和繁忙时，少做或一两天不做都没关系。只要长期坚持，形成一个正向的循环即可。

我们还可以根据实际情况设定优先级，先处理必须做的、影响健康的、重要的项目，其他项目另择时间再做。

做家务切忌产生疲惫或畏惧心理，一旦产生，家务就很难坚持和继续了。

▶ 夜晚 40 ~ 50 分钟的家务步骤:

1. 到家的随手归位

不要小看这个动作，到家及时把衣物、鞋子等用品放在固定位置，这样能降低最后睡前归位的难度。

很多人回家后物品就会随手一扔，渐渐地，随意放置的物品越来越多，到了睡前疲惫的状态时，已经无力物归原位。次日起床，屋内满是散落的物品。

太累啦~~

为了避免这样的恶性循环，我们要学会小事随手做，这样就能让家务不过于集中，化整为零。在不知不觉中做完家务是最高明的。

2. 晚饭后厨房的清洁

晚上，一大家人都没事了，聚在一起，就会做点好吃的、好喝的，但是后面打扫起来会比早上复杂多了。

是的，不但锅碗瓢盆多，烟灶、地面也会有很多油点和污渍。但不用着急，一点点按照步骤做，很快就能恢复整洁。

① 先把餐桌及周围擦干净。

▪ 餐桌残羹剩汁快速处理法：
把垃圾桶带到餐桌旁，直接用纸
巾将残羹扫进垃圾桶；也可以把
残渣倒入废弃的塑料袋。

▪ 把餐桌周围地面上的碎屑及时
吸走，再把餐桌擦干净。餐桌要
在第一时间处理，避免一些污渍
时间长了硬化而变得难以擦洗。

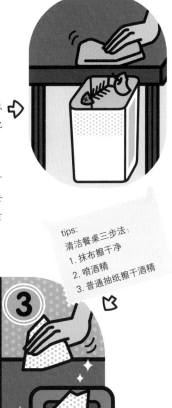

tips:
清洁餐桌三步法：
1. 抹布擦干净
2. 喷酒精
3. 普通抽纸擦干酒精

② 如果家中没有洗碗机，可以采用热水浸泡法清洗餐具。

• 用小水槽或者容器单独浸泡，大水槽要用来清洗别的物品。

有洗碗机的直接将餐具放进洗碗机即可，部分不能机洗的锅具也同样放进大水槽浸泡，浸泡前把汤汁小心倒出过滤，再初步清理水槽后使用。

海绵

tips:
相对干净的餐具不要和油腻的餐具一起浸泡，它们适合用海绵蘸取洗洁精后擦洗，再直接冲洗干净。
太油腻的餐具先刮除残留物再清洗。锅具上如有难以清除的焦渍，先用百洁布蘸取不锈钢膏擦除后再清洗。

③ 浸泡餐具的同时仔细清洁烟灶，晚上需要比早上更细致。

够得到的油烟机表面，喷油污净后用抹布（厨房湿巾亦可）擦干净，可先喷好静置，处理完灶台再擦。（内部及手够不到的部位留到周清洁和月清洁。）

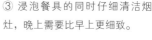

关于灶台，我的方法是：纳米海绵配合洗碗膏擦洗。这是最干净的选择，当然，喷油污净或者使用厨房湿巾也不错。

在擦灶台时把能取下的部件全部取下，放进大水槽用洗洁精浸泡后刷洗即可。不能拆卸的部分也要用小牙刷或缝隙棒把新的污渍及时去除，避免污渍堆积。

▪ 如时间紧可忽略这一步，灶台圈内部分留到周清洁，或购买硅胶垫圈减少工作量。

· 工具可参照早晨20分钟的工具介绍。

由外向内

④ 灶台清理完毕后开始擦台面和够得到的墙面，因为灶台周围最脏，所以从外往灶台内擦拭。

氧净

⑤ 最后一步依旧是擦地，擦完后，洗干净抹布，仔细清洗水槽（可用纳米海绵配合洗碗膏擦洗），最后把擦台面的抹布、刷子、百洁布等全部泡进氧净中消毒。

别看这里写了很多步骤，其实手脚麻利的话只需要15～20分钟即可完成。（全程使用热水是省力省时的关键。）

3. 掸 尘

早上，我们只掸了卧室，有很多忙碌的人可能连卧室都没时间掸呢。晚上，如果时间充裕可以全屋都简单掸一下。

我们早上不是掸过了吗?

全部掸一遍？那也太累了，我做不了。

可以按区域交错进行啊，如一天是卧室，一天是客餐厅，一天是其他区域。家务不是死板的，要根据自己的时间和精力来调整，每日掸尘时间控制在5～10分钟是比较合适的。

4. 吸拖地面

是的，吸拖地面分三步走。

这个我知道，你的第一本书《收放自如才是家》里详细写过，擦地有三部曲。

⇨ 第一步

· 吸尘。

⇨ 第二步

· 用平板拖把夹静电干巾，擦除吸尘器够不到的角落。

➪ 第三步

·用平板拖把夹湿拖布拖地。
当然，也可以使用吸拖机器人或者
洗地机，若有够不到的角落也不必
在日清洁中完成，我们可以集中在
周清洁解决。吸拖机器人和更方便
的工具可以帮我们节省大量时间和
精力，是上班族的好帮手。

5. 睡前物品归位

拿出来的物品，白天没能及时归位的，睡前
要做到全部归位。但孩子的半成品手工、积
木可以不在此列，放在不会碰到的地方或原
位不动就可以。

6. 沐浴前后卫生间的整理

晚上，在进行卫生间清洁前，我们还要认识一些卫生间常用的清洁剂和清洁工具，这样打扫才能顺利进行。

水刮

▪ 用来刮除玻璃、墙面、地面多余的水分。

鱼鳞布

▪ 擦干残留水痕，避免水垢产生，是让玻璃、水龙头发光的利器。

▶ 卫生间的清洁工具：

纳米海绵

▪ 配合浴室清洁剂，是浴室好搭档。

以上三样被我称作"浴室三剑客"。

tips:
再次强调，鱼鳞布要干用或略潮时使用，湿用的话会完全失去作用。

除了"浴室三剑客"
还有"刷子两姐妹"：

浴缸刷

▪ 海绵头，适合浴缸的大面积清洁。

浴室刷

▪ 毛刷头，适合淋浴房墙面、地面及缝隙的清洁。

还有其他的一些清洁工具：

超细纤维布

▪ 吸水性好，不易残留纤维。

洗脸池专用百洁布

▪ 为了就近收纳和使用，洗脸池旁放专用百洁布，清洁会更方便。

各种缝隙刷、扁头刷、旧牙刷

▪用来清洁角落、水龙头缝隙、不可拆卸的马桶盖和淋浴房轨道的缝隙等。

马桶专用刷

▪用来清洗马桶内部,可以购买一次性的马桶刷来减少工作量。

▶ 卫生间的清洁剂：

浴室清洁剂

▪ 用来清理淋浴房、墙面、地面、洗脸池等。

马桶清洁剂

▪ 清洁马桶。

酒精

▪ 给卫生间用品消毒，如马桶外部及垫圈、各种工具等。

除水垢产品

▪ 去除水垢、碱垢等。

下水道保养剂

▪ 下水道消毒及避免堵塞。

除霉产品

▪ 去除卫生间因潮湿产生的霉菌、霉点。

好啦，我们在了解了清洁工具和清洁剂后，现在来进行晚上的卫生间打扫吧。

加快速度的秘诀仍是正确的顺序。

晚上的卫生间因为沐浴的原因会增加湿区打扫的工作量，会比早上麻烦很多呢。

① 洗澡前把马桶清理干净。

② 带水刮和浴室清洁剂进淋浴房，洗澡时是清理的好时机。洗完后及时用鱼鳞布把水龙头擦干，玻璃用水刮刮干净。

tips：每天及时刮除多余水分及擦干龙头，可很久不使用清洁剂。但硅胶水刮要注意防霉，出现霉点就用除霉产品清理。

③ 吹完头发后，洗脸池用百洁布和浴室清洁剂洗干净，水龙头擦干，干区地面用水刮聚拢头发，再用纸巾擦净即可。（这部分工作也可以留到早上，一次清洁干净，根据个人习惯调整。）

说到除霉，浴室霉菌很难避免，要避免霉菌，一是要保持浴室干燥，二是出现霉点要及时喷上除霉产品，静置一夜后再冲洗干净。

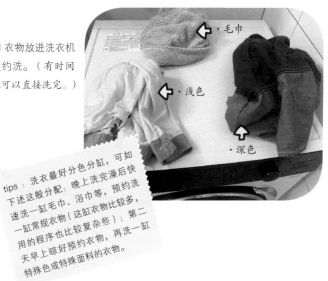

④ 衣物放进洗衣机预约洗。（有时间也可以直接洗完。）

· 毛巾

· 浅色

· 深色

tips：洗衣最好分色分缸，可如下述这般分配：晚上洗完澡后快速洗一缸毛巾、浴巾等，预约洗一缸常规衣物（这缸衣物比较多，用的程序也比较复杂些）；第二天早上晾好预约衣物，再洗一缸特殊色或特殊面料的衣物。

卫生间的日常清洁这样就足够了，我们做家务要学会分级。哪些放在日常完成，哪些在周清洁中完成，哪些又可以在更长的时间内完成，都需要经过规划，这样才能保证既不会太累，又能每日保持。

7. 检查需要充电的小家电、预约的 电器、煤气和电的使用情况

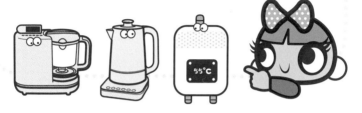

以上就是我们每天需要完成的打扫和整理内容啦。

每家的情况不一样，人员结构和习惯也不同，但都可以按照这个范本做增减来满足自己的需求。比如，上班族可以简化一些，时间充足的人可以再细致一些。

下面我画了一个表格："1 小时日常"清洁项目。

大家可以按照表格里的内容和顺序，结合自己的实际情况进行练习。

请一项项实施起来吧！

我们先把日清洁的内容练习一周，再进入新的篇章——周清洁。

1 小时日常

早晨 20 分钟

1 · 起床（被子翻面通风，房间开窗通风） ☐

2 · 洗衣机预约洗好的衣服拿出晾晒 ☐

3 · 准备早餐，同时洗漱 ☐

4 · 清理早饭后的餐桌及周围地面 ☐

5 · 收拾厨房 ☐

6 · 简单收拾卫生间 ☐

7 · 整理床铺 ☐

晚上 40 ~ 50 分钟

1 · 物品随手归位 ☐

2 · 晚饭后厨房的细致清洁 ☐

3 · 简单的掸尘 ☐

4 · 吸拖地面 ☐

5 · 睡前物品归位 ☐

6 · 沐浴前后卫生间的整理 ☐

7 · 检查各类需要充电及预约的电器 ☐

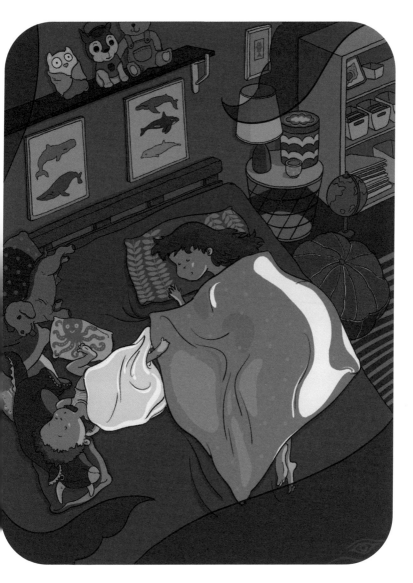

周末是蓝色的，爱看孩子的睡姿。

⇨ **周末加强法**

前面的家务表格大家有没有对照执行呢？
如果已经跟着执行一段时间了，那我们的
"1 小时日常清洁"就会越来越顺手，此
时就可以开始了解"周末加强法"了。

不是每天都在做清洁
了吗？为什么周末还
要做啊？我只想睡觉。

每个家庭的情况不同，有的成员
少，并且成员的空闲时间较多，
日常清洁很仔细，那么周末就无
须花很多时间了。但有部分人平
时工作忙，日常清洁根本没时间
做，那周末就需要加强一下。

但还是那句话，根据时间和精
力，将清洁任务控制在令自己舒
适的范围内即可，家务非比赛，
实在没有精力，请家政人员也可
以，没有必要过度苛求自己。

tips：
周末加强法只是一个概念，可
以根据自身情况调整，比如，
平时没时间的人可以在周末集
中做完家务；也可以化整为零
分配到每一天完成；亦可两三
天解决一两项。

好啦，让我们看看每周都需要加强些什么。

第 51 页

▶ 清点家中库存

（主要指食物、生活类用品、办公用品、药品等消耗品）

每周尽量在固定时间清点库存，但也可以根据习惯设成 10 天到半个月一次，其中部分物品还可以一个月或数月清点一次。

一周清点一次冰箱是较合理的。在这样的频率下，就不会有什么食物因遗忘而过期了。

1. 冰箱内的食物

正常情况下，冰箱内的食物一周清点一次，每日买菜做饭的家庭就不需要清点这部分了，清点冷藏和冷冻的一些成品食物即可。

清点有什么好处呢？

· 了解食物保质期。

· 让新进食物能有更多空间。

随着食物的消耗，数量会发生改变，要根据食物的存量再次调整冰箱内的收纳。

2. 调味品、五谷杂粮

这类物品的清点频率是一个月，及时补充可以避免突然用完的尴尬，定期清点五谷杂粮可避免过期而不知。

3. 生活类用品

生活类用品建议一个月购买一次，集中购买的好处：一是相对省钱；二是能在同一时间了解所有物品的情况。

4. 办公用品

此类在购买生活用品时顺带看一下即可，不在家办公的家庭不需要花太多精力。

5.药品

如果没有慢性病，只是一些常用药品的备货，清点频率可以降低，一个季度一次即可。

如果有常吃的补剂和慢性病用药，在每次配药的时候买足3个月的用量，这样就能和其他药品同步清点。

tips：
一些止痛、退烧、外伤药，如遇突发情况快速用完，要及时补充，避免下次用时措手不及。

▶ **关于药品，我们可参考以下整理方法。**

① 吃剩的片剂可以从原包装盒中拿出，连同说明书装入避光密封袋，在密封袋外标注品名及到期日。多种药品每袋竖立排列放置，品名和时间写在靠近沿口的部位，一目了然。

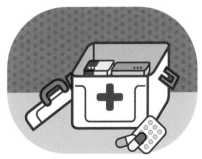

② 我们可以购买医药箱，统一放置在醒目、易拿取的位置，也可以将家中的抽屉整理出 1～2 个，专门用于药品的收纳，还可以准备多个收纳盒，分类收纳。

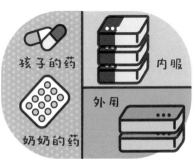

③ 药品收纳要做好分类。首先，外用药、内服药分类收纳，不要混放在一起；其次，根据不同使用人员分类；最后，常用药和临时用药也要做好分类。这样才能保证在使用时不混乱。

当然，还有很多其他消耗品，每个家庭情况不同，因此，这种库存清点还是可以很个性化的。库存清点做得好，家里就不会囤积过多物品，或是出现某种物品消耗完了还不知晓的情况。这是两个极端，为了避免这两种情况发生，定期清点库存是很有必要的。

tips：
购买同一类物品时，尽量统一数量，如生活用品类都购买一个月的量，这样补充起来也会同步。

但每一类物品的清点方式及频率，都要按照自己的节奏掌握，有时不需要过细，做什么都要掌握好度，不要让事情反过来成为负担。

清点这些也不属于扫除家务啊。

清点库存其实是属于整理收纳的范畴，但整理收纳做得好，能大大减轻清洁类家务的负担，因此，二者在后面的章节里会穿插出现。

▶ 仔细做一次除尘

怎么又要除尘？前面都除过了。

这个除尘不是前面章节"1小时随手清洁法"里日常做的那种，做家务切忌重复，每日清洁时做过的，在周末加强和后面的季度清洁时，都不用再花时间重复。

那这里的除尘
是除哪里呢?

这里的除尘除的是平时由于
众多原因来不及做的部分,
周清洁时便可以操作。如镜
框、装饰品、墙壁及墙壁夹
角的卫生,平时不会去处理,
周末可以用除尘掸清理一下。

但为了节约时间,家中高处(指
高处的灯具、挂壁空调、中央空
调口、吊顶、窗帘杆、高处的墙
角等)可以不算在内,这部分可
以留到季度清洁。当然,时间特
别充裕的人可以一次性做完,时
间紧张的继续分级就可以了。

tips 1: 有的窗帘不能机洗,可每
周吸一次尘,这样做会让窗帘不那
么脏。局部如有污渍,可用布艺沙
发干洗剂或羽绒服干洗剂处理,这
样送洗的频率也会降低。

tips 2: 纱窗也是可以吸尘的哟,
经常吸尘的纱窗没有那么脏,等
季度大清洁的时候就不会那么辛
苦了。

▶ 清洗床上用品和毛绒玩具，
熨烫下周需用的衣物

1. 清洗床上用品

家里有多张床的可以考虑分天进行，时间特别紧张的人可以改成 10 天洗一次，每个月 1 号、10 号、20 号循环进行，固定在一个日期清洗就不容易忘记周期。

2. 清洗毛绒玩具

大号毛绒玩具可以分天清洗，小号的加入日常衣物清洁中一块儿清洗。毛绒玩具和床上用品一样需要勤洗，它们都是灰尘、纤维、螨虫的聚集地。

tips: 清洗床品要注意，高温适用于全棉、棉麻、部分亚麻、部分人造纤维类织品，而真丝、羊毛、皮草以及部分娇贵的人造纤维是忌用的。

★小知识:

说到螨虫，许多人会疑惑，一定需要除螨仪吗？其实这要分情况。

·如果是螨虫过敏者，可以备一个。螨虫过敏者需要尽量清理干净过敏源，螨虫聚集处除了床铺，还有衣物、沙发、地毯等。除螨仪能辅助我们快速地清理掉皮屑、毛发、螨虫排泄物（一些强力吸尘器也可以达到同样的目的）。

·对螨虫不过敏的普通人群，就不需要特别在意，只要每天清理床铺，每周高温清洗床品后晒干或者烘干即可。

3. 熨烫下周需要用的衣物

为什么要熨一周的衣服？我又不去哪里，天天在家，穿哪件熨哪件呗。

这是给上班族的建议啦，他们时间紧，尽量在周末把下周的衣服、鞋、包按周一到周五各配好一套，有个规划，早上穿上即走，可以节约很多时间。提前熨烫好，临出门时就不会手忙脚乱了。

▶ 打理一周穿过的鞋和隔夜衣

1. 一周穿过的鞋

① 每日穿过的鞋只需要用纸巾擦掉或用鞋刷刷掉灰尘，再用酒精喷一下鞋底后用纸巾擦干即可。

② 也可用鞋子清洁湿巾擦净鞋面后，顺带擦一下鞋底，主要达到拂尘和保证鞋底没有大块脏污的目的。

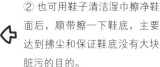

③ 鞋内可使用除臭喷雾，这样打理后再放入鞋柜，就相对干净了。等到季度清洁的时候，就不需要再花大力气清理了。

每周都需细致打理穿过的鞋，鞋边缘无论什么颜色，黑、白或灰，都应擦干净，鞋底简单用水刷净即可。

⇧

▪ 运动鞋如果不能水洗，可以用布艺沙发干洗剂、羽绒服干洗剂或鞋类干洗剂等干洗产品。

⇧

▪ 如果是皮鞋，需要用保养油保养。

▪ 准备两副以上鞋垫替换，实在没有的话，每天都要把鞋垫拿出晾一晾，每周都要进行彻底的清洗。

① 橡胶之类的材质可以用牙膏、洗碗膏和纳米海绵擦拭。

③ 白色可水洗的鞋用氧净浸泡后，可用洗衣袋装好放入洗衣机清洗。

▶ 关于白鞋边缘

② 特别脏的部分可先用厨房油污净，再用纳米海绵擦拭。

④ 白鞋洗完都要趁湿用纸巾裹紧再晾晒，否则容易残留黄色水痕。

尤其不要忽视室内拖鞋的鞋底，每天都要擦净，如果鞋底不干净，地面也不能保持干净的状态。

因为灰尘从户外的空气中来，进入室内再落到地面，与鞋子摩擦，就会使鞋底变黑。即便拖干净了地，鞋底也很容易变黑。只要我们每天把鞋底擦干净，用洗衣机每周清洗，洗完了以后，用高温的水把洗衣机清洗一遍即可。

我有点接受不了洗衣机既洗衣服又洗鞋呢，感觉很脏……

这只是你的心理不能接受，实际上，只要在洗鞋前刷洗干净鞋底，处理掉大块的污渍，这样经过预处理的鞋只会比外套、外裤更干净，再用高温清洗洗衣机，就完全没必要有这样的担心了。

2. 隔夜衣

（就是穿过一次，没有明显污渍，不打算清洗还要继续穿的次净衣）

隔夜衣主要是指冬季的衣物，冬季衣物又大又厚，但是我们的空间是有限的，为了让有限的空间能整齐地容纳这些隔夜衣，就要每周都清理，否则再大的玄关也是容纳不下的。

我就是这样,冬天到了,衣服从玄关堆到客厅沙发,连卧室都堆满,已经记不得哪件穿了多久,该不该洗也搞不清楚。

所以啊,每周都要把本周所有的隔夜衣拿出来,挑出需要清洗的部分清洗干净,晾干后放进衣橱,如此循环,而不是很久不打理,越积越多,一周打理一次对大部分人来说是比较合适的频率。

羽绒衫和羊绒大衣一周洗一次我实在做不到，那该怎么办呀？

是的，羽绒衫、羊绒大衣这一类不太可能一周清洗一次，有很多人都是穿了一个冬天才会送洗，但同样需要每周打理。

羽绒衫用除尘滚筒把表面的一些纤维去除，如有局部污渍可以用羽绒服干洗剂或者干洗湿巾清洁干净。

羊绒、羊毛类大衣用软毛刷轻掸，悬挂在通风处，喷上衣物除菌去味喷雾，在阳光直射不到且通风的位置吹一两个小时即可。

在看此段落前，大家可以回顾前一章"1小时随手清洁法"的内容，周末加强不是让大家重复日常的部分，而是要叠加上日常做不到的部分。

▶ 厨房周末加强

1. 油烟机、煤气灶

前一章日常清洁中油烟机的内部清洁，可放入周末加强部分。在日常清洁部分，我们只是擦拭外部，周末加强就需要清洗滤网了。接油盘的清洗也可加入，特别忙的人士可放入季度清洁，只是这样季度清洁的负担就会重一些。

每周清理污垢很容易，这种程度的污垢可以直接放进洗碗机清洗。但如果滤网污渍积累太厚，非但不能洗净，还会污染洗碗机。

煤气灶亦是如此。

▪ 能拆的部件拆下用水加氧净浸泡。

▪ 纳米海绵蘸取洗碗膏仔细清洁。

▪ 泡一刻钟后刷洗干净。

▪ 清洗干净的烟灶。

2. 挂件、挂钩

裸露在外的一些挂件、挂钩都
可以用氧净泡洗。

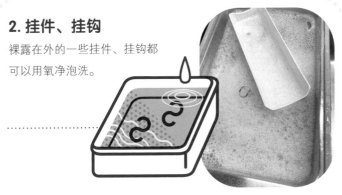

3. 外置的调料瓶

调料没用完的瓶子只需擦净外壁即可，外壁的油污可用纳米海绵蘸取油污净去除。用完的调料瓶用洗洁精或氧净浸泡后，用小刷子内外刷洗干净晾干。

简单来说，裸露在外的、手能够到的物品都要在周末加强部分解决，在氧净中浸泡后刷洗是很好的方法，有洗碗机的家庭直接放入洗碗机。

■ 厨房湿巾擦拭。

■ 纳米海绵擦拭。

■ 擦拭干净后的调料瓶。

4. 除水垢

经过一周，水龙头、水槽可能会产生
一些积存的水垢，可以使用稀释后的
柠檬酸或除水垢泡沫喷剂，配合纳米
海绵小刷子仔细清理。

▪ 冲洗干净后用鱼鳞布擦干。

▪ 用刷子把沟缝刷干净。

▪ 喷上稀释后的柠檬酸。

▪ 清理干净的水龙头。

5. 彻底清理一次台面和地面

大家肯定会有这样一种感觉：即便我们每天都清理台面和地面，时间长了依旧会发黏。此时可以使用蒸汽拖把，利用蒸汽的热量去除这些发黏的污渍。

▪ 没有蒸汽拖把的，用纳米海绵和油污净或洗碗膏，仔细擦净台面，可以达到更好的效果。

▪ 地面可用电解水喷过后用热抹布擦拭。太油腻的可用纳米海绵蘸取洗碗膏擦净，再用湿抹布反复擦除泡沫残留，最后用热水搓洗过的抹布擦一遍，就能彻底解决地面油腻、粘脚的问题。

一周的污垢其实不会很难清理，即使平时只是简单地清理也没关系，周末重点加强一下上述部位，厨房就能长时间保持干净的状态。家务每日做多或做少并不是关键，关键在于循环。

我每天都是马马虎虎地清理一下，周末是不是就要多做些呢？

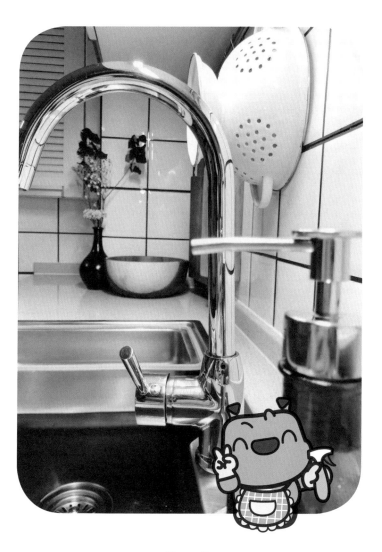

▶ 卫生间周末加强

卫生间我们日常不是做得很好了吗？周末还需要干什么呢？

卫生间周末加强的部分，主要是平时顾不到的边角，如淋浴房墙角、玻璃和墙面的夹角，水龙头积存的水垢，还要特别注意的就是淋浴房推拉门的凹槽。

淋浴房的凹槽我们做不到每天都细致清理，如果天天如此太辛苦了，可以放到周清洁彻底清理，用浴室清洁剂配合除水垢产品就能彻底洗干净，水龙头亦是如此。

哦，那工作量不是很大，我能接受。

除了这些还有其他的呢，淋浴房的地漏、干区的地漏、洗脸池的下水口都需要清洁一下，然后倒入管道保养剂避免堵塞。

是的，加起来20分钟就都能做完了，很多上班族平时没时间做日常清洁，也可以集中到周末做。

这个工作量也不算大，很快就能解决了。

收方如日之升 II
GUANGXI NORMAL UNIVERSITY PRESS
广西师范大学出版社

愿你是一个能珍惜的事吧。珍惜又解夏。
当我花二十多年的时多事中最后出院，这年经历。
毕过很久没海吧，心里小尽大改。毫调和大家走过，
有乡君也会玩点。

你说的都是手够得到的部分，那高处我们就不用管了吗？

是的，必须站到凳子上才能够到的部位、橱柜内部、对外的窗户，在周末加强时都不需要理会，留到季度清洁就可以了。如果周末时间全用来打扫，就只会剩下疲惫，没有愉悦感了。

所以你看，家务就是这样分级才能减轻我们的负担，不要重复这些分级家务，简单来说就是日、周、季度各做各的部分，不越级，重复家务就会重复我们的劳动。

再次强调：以上 6 项周末加强内容可拆分，每天完成一项，亦可在周末集中完成，当然也可分 3 ～ 4 天完成，根据自己的时间、习惯和精力，没有统一标准。

好啦，周末加强法的所有内容到此就结束了，和前一章一样，附表格一张，大家根据表格内容来一项项完成，多做几次我们就可以进入下面新的章节了。

周末加强

清点库存

1·食物 ☐

2·调料、五谷杂粮 ☐

3·生活类用品 ☐

4·办公用品 ☐

5·药品 ☐

细致除尘

1·家具表面 ☐

2·镜框、装饰品、墙壁夹角 ☐

3·平时难以清理到的角落 ☐

4·窗帘 ☐

5·纱窗 ☐

清洗织物、熨烫衣物

1·床上用品 ☐

2·毛绒玩具 ☐

3·熨烫衣物 ☐

打理鞋衣

1·清理一周穿过的鞋 ☐

2·整理、清洗一周隔夜衣 ☐

厨房

1·油烟机、煤气灶 ☐

2·裸露在外的挂件、挂钩 ☐

3·外置的调料瓶 ☐

4·除水垢 ☐

5·台面和地面的彻底清洁 ☐

卫生间

1·淋浴房墙角、玻璃和墙面的夹角 ☐

2·龙头水垢 ☐

3·淋浴房推拉门凹槽 ☐

4·地漏清洁及管道保养 ☐

雨后，日出云散了，
多希望能收到一封春天寄出的信。

⤷ **四季整理法**（春）

大家现在已经熟练掌握日常清洁法了吧？周末加强部分相信大家也会越来越熟练，这时候我们要学会一些简单的整理方法来辅助，让我们的清洁变得更容易。

还要学习整理啊？

是的，整理做好了，能更大限度地减轻我们清洁上的负担。一个没有任何整理规划的家、随手乱放物品的家、无用物品堆积如山的家，只会让我们的家务负担更繁重。

那我们从哪里开始?

一年分四季,我们就从春季开始吧。

大多数家庭都会在春节前进行大扫除,厨房也会在这次大扫除中被清理干净。但我的建议是可以把厨房大扫除放在春节后的春天进行。

那安排在春节后的优势是什么呢?

★这样安排的原因有几个:

· 春节后更容易预约到客服人员上门清洗油烟机,而且由于春节后约的人相对少,服务人员时间更充裕,清洁也会相对更细致。

· 春节期间,大部分家庭都居家,聚餐增多,使用厨房的频率会更高,所以积累的油污也会更多,集中在开春清理更合理。

· 春季气温开始回升,打扫厨房更轻松。

在清洁的同时可以来一次大整理，把积聚了一年的物品好好分个类，没用的、破损的物品趁机处理掉，这样也能减轻很多清洁上的负担。

在《收放自如才是家》中我们说过，可以把物品简单分成三大类：

① 保留　② 丢弃　③ 犹豫不定

厨房可以分区域进行整理。

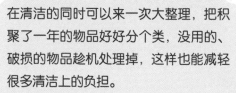

为什么要分区呢？
有什么好处吗？

分区域整理有以下几点好处：

① 不会影响厨房的整体使用。

② 每天整理一个区域，不会产生疲劳感。

③ 分区整理后，区域概念更明确，这样对物品的正确归类摆放有很大帮助。

那厨房分成几个区域整理呢?

一般来说,厨房有三大区域:

① 烹饪区　② 清洗区　③ 食物储藏区

现在很多家庭还延伸出以下几大区域:

小家电区、咖啡茶水区、碗碟锅具收纳区

这些区域我们从哪里下手呢?

在整理时我们可以从难到易,如烹饪区一般会比较复杂,我们可以从此先下手。

顺序可以参考下图

① 烹饪区

② 清洗区

③ 食物储藏区

④ 小家电区

⑤ 咖啡茶水区

⑥ 碗碟锅具收纳区

好嘞，那我就开始了。

别忙，我还没说完呢。在整理清洁这些区域之前，我们第一步要先清洁顶棚，从上到下的顺序很重要。

为什么要这样?

因为清洁高处的时候，很可能会有污渍、脏水等落下来，如果放到后面，那么先清洁干净的位置很可能再次被弄脏。

哦，原来是这样啊，做家务也不是随随便便做的啊。那顶棚如何清洁呢？

如果是集成吊顶，用厨房湿巾就能轻松擦拭干净，我们可以采用平板拖把夹厨房湿巾的方法，这样比较省力。

如果顶棚太脏就需要借助梯子，用纳米海绵蘸取清洁膏手动擦除。

如果是防水石膏板就需要小心些，防水石膏板同样可以使用厨房湿巾和纳米海绵，但在擦拭时用力要轻。

顶棚擦干净后我们可以按区域进行下一步了，那就从烹饪区开始吧！

▶ 烹饪区

烹饪区一般分为烟灶区、调料区、灶台下的锅具收纳区。

烟灶区要在第一步进行清洁，因为这部分油垢比较多且最难清洁。

1. 油烟机

油烟机可以直接让客服上门清洁，一年一次的彻底清洁，再配合之前的日清洁部分和周加强部分，油烟机便可以常年保持良好的卫生状况。

这里再分步骤详述平时如何清洗油烟机。

油烟机最难清洁的就是滤网及摘除滤网后的内部腔体，再加上接油槽部分。这三个部分用氧净就能清理干净。

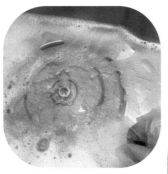

① 所有能拆下的部分都拆下，放进水槽后用氧净水浸泡半小时后刷洗。

② 如果有太厚的油污，可以把氧净颗粒调制成糊状敷在需要清洁的部位，半小时后再刷洗。

③ 如果一遍没有清洁干净，可以再重复一遍以上步骤。

一般来说，清洁到滤网部分就可以了，内腔可用重油污清洁剂加百洁布反复擦洗，太重的油污可以湿敷氧净后再刷洗。

接油槽可购买专门的滤纸来吸附油脂，这样定期更换滤纸即可。

油烟机上部也不要忽视，用油污净和纳米海绵就能擦拭干净。擦干净后可以铺一层保鲜膜，通过定期更换保鲜膜来减少清洁频次。

2. 灶台

灶台如果平时清洁到位就不需要年度清洁，我们需要注意的是灶台和台面接触的位置，如果长期忽视，这里的污垢也是很严重的。

我们可以抬起灶台，将一边垫上厚物。

然后用纳米海绵蘸取清洁膏或者油污净来去除污渍。

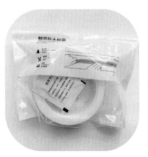

清理干净后可以购买这类封边胶带来封住缝隙，减少污渍产生，但不建议用硅胶直接封死，这样会给检修带来不便。

灶台清洗干净后我们就可以进行柜体的清洁啦，一般来说，先清理上柜再清理下柜，从上到下的顺序不要乱。上柜只需要把柜体内外连同门板都擦拭干净即可。

▪内部最易清洁，用厨房湿巾就可轻松擦干净。

▪柜门和上柜底板可能会相对更油腻，我们用纳米海绵蘸取洗碗膏也能轻松完成。

▪如果有平时未能及时清除且已经硬化的油点，可以先用塑料小铲铲除后再擦洗。

3. 调料区

调料一般分成常温和冷藏储藏，需要冷藏的调料放进冰箱即可，常温储藏的调料一般放置在烹饪区，这部分又可分成使用中的和备货。

在整理时，我们要注意保质期，凡是过期的、被污染的、发霉有异味的调料都需要处理。

▪ 使用中的

使用中的和备货要分开放置，备货尽量收纳在烹饪时接触不到的位置，这样能更大限度地保持洁净状态，减少清洁时的负担。

▪ 备货

整理做完后，就开始清洁，把调味篮、空置调料瓶、放置调味品的柜体都擦拭干净后再重新放置好。

▪ 金属、玻璃、塑料都可以用氧净泡洗或放进洗碗机清洗。

▪ 如果有金属调味篮，可以用厨房湿巾进行初步清洁。

▪ 局部锈渍或难以去除的污渍可用百洁布蘸取不锈钢膏擦拭。

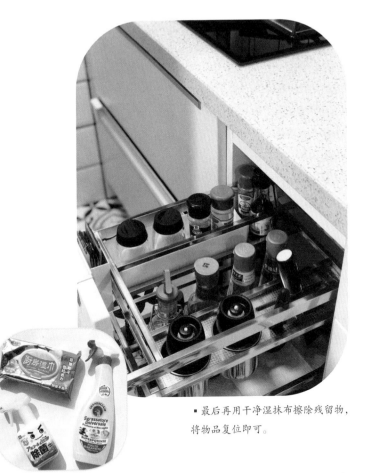

▪最后再用干净湿抹布擦除残留物，将物品复位即可。

▪柜体一般为板材材质，可以用厨房湿巾、成品电解水、厨房油污喷雾清洁。

门板的清洁和柜体一致，如有局部难以去除的污渍，可用纳米海绵蘸取洗碗膏擦除。

4. 灶台下的锅具收纳区

大部分家庭的烹饪区除了有调味篮外还有锅碗拉篮，我们会把碗筷及部分锅具收纳在此，虽然每天都会清洗，但时间长了依旧会有灰尘、油污和碎屑。不论抽屉、拉篮还是多层柜体，我们都需要彻底清洁。

在清洁之前依旧是整理，厨房空间宝贵，如有长期不使用的物品，我们就要考虑这些东西是否还有保留的价值。厨房内保留的每一件物品最好都在使用状态，以此减少厨房收纳的压力。

在此区域，破损的、不再使用的餐具、锅具都可以考虑处理掉。

清理干净物品后，我们只需要清洁抽屉、拉篮、多层柜体的内外部即可。

金属拉篮和调味篮的清洁方法一致，板材的抽屉和层板柜直接参考调料区柜体门板的清洁步骤。

▪ 保留的（左），丢弃的（右）

如果这个区域有大量外置的挂钩、挂件、瓶瓶罐罐，也可以一并清理干净，能直接水洗的可以放进洗碗机，也可以浸泡在氧净水里刷洗干净。

整个烹饪区清洁完后就可以恢复厨房的正常使用了，第二天再清洁下一个区域，这样的劳动量不会让我们感觉疲惫。

▶ 清洗区

清洗区就是围绕水槽的上下区域。在大清洁中，这部分主要就是上下柜体及收纳工具的清洁，但在清洁之前我们依旧需要整理物品。一般来说，有关厨房清洁的物品都应该围绕水槽放置，如清洁剂、清洁工具、刀具、沥水篮、大型锅具等。

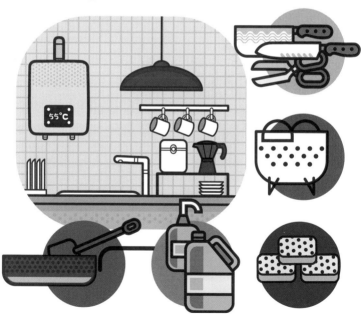

依旧是先整理再清洁，整理时需要注意以下几点。

① 清洁剂要注意保质期，清洁剂的保质期不像食物那样严格，已经过期但性状没有发生改变的可以继续使用，但要尽快用完，如果出现发霉、变质等情况就要及时丢弃。

② 水槽下柜体可以贴防水贴纸以防止漏水损坏柜体，下水管道连接处可以自己封上密封带或者密封胶泥来避免异味。

③ 如果水槽下水管密封出现问题，如漏水及严重异味，要及时修复。

④ 尽量使用多功能工具，功能重复的物品选择最常用的，其他可以考虑处理掉，依旧是那句话——物品都要在使用状态。

清洁注意点：

① 以水槽周围的板材为主,参考烹饪区板材清洁方法即可。

② 水槽在大清洁时重点关注下水管部分。

▪ 可用缝隙棒、小刷子、废旧牙刷绑上旧筷子加长长度来刷洗。

▪ 刷之前喷上油污净来达到更好的清洁效果。

▪ 刷干净后倒入管道清洁剂进行管道保养。

▪ 平时可定期倒入 70℃ 热水化解管道油污。

▪ 或者定期扔一片次氯酸消毒片消毒。

tips: 次氯酸不是次氯酸钠（84消毒液的主要成分），虽然只差一个字，但完全不一样，次氯酸没有刺鼻气味，一般浓度下也不会使衣物褪色，是相对比较温和的消毒剂。

▶ 食物储藏区

食物储藏区一般分为常温区和冰箱的冷藏冷冻区。

1. 常温区

常温区的储藏品包括常温蔬果、奶制品、茶饮咖啡、五谷杂粮、油盐酱醋等。

油盐酱醋在烹饪区部分已做解释，此处不再赘述，只强调一点，如果消耗量不大，尽量购买小油桶，密封遮光保存，以避免油脂氧化。

可以买三种不同品种的小瓶食用油交叉食用，以便获取足够的营养。

常温蔬果区主要收纳的是根茎类蔬菜，有时是起到中转站的作用，如放置当天就要吃完的新鲜蔬菜、一些不容易腐烂的瓜果，还有买回来暂时没时间收纳进冰箱的蔬果。

这个区域容易被泥土污染，所以需要天天清理，这样到了大清洁时我们只需要清洗收纳工具即可。

▪ 比较大的蔬菜篮、小推车可直接放进淋浴房清洗。

▪ 清洗时可以用百洁布、纳米海绵配合油污净。

▪ 小型收纳盒、蔬菜篮放进水槽，用洗洁精和刷子刷洗即可。

▪ 刷洗干净后晾干，把这个区域的柜体、台地面部位擦干净后复位。

奶制品、咖啡茶水区在厨房中是相对比较干净的，一般都收纳在柜体或者抽屉里。我们只要清洁干净柜体即可，清洁方式参考烹饪区的板材柜体清洁。

五谷杂粮类除了常规的柜体清洁外，还要注意保质期及霉变情况，夏季到来前最好全部放进冰箱冷冻保存。粮食、面粉的收纳罐每次用完后都要及时清洗晾干，避免陈粮碎屑残存霉变。

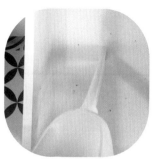

▪清洁柜体时可先用吸尘器吸掉柜体及角落碎屑，再擦拭干净。

▪清洁干净后的杂粮区。

2. 冰箱的冷藏冷冻区

这部分食物平时就要定时清点，在周末加强中已经有过建议。在年度大清洁中，我们需要彻底清洁一次，选择冰箱食物最少的时刻断电做清洁。

▪ 拿出所有配件，用洗洁精配合抹布清洗干净即可。

▪ 冰箱内腔用小苏打水、电解质水或次氯酸水擦拭干净。

▪ 密封条如发霉，用次氯酸钠(84消毒液)去除。可用湿巾蘸取稀释后的次氯酸钠，覆盖发霉处静置数小时后，擦净残留即可。

所有部件及内腔彻底干燥后再重新复位。

·冰箱的整理收纳和清洁在《收放自如才是家》中有更详细的介绍。

▶ 小家电区

现代家庭厨房里小家电越来越多，很多家庭在设计初期就规划了专用的小家电区，这个区域的整理相对简单，长期不用的、破损的处理掉即可。但清洁上可能会相对麻烦，因为除了清洁柜体外，还要清洁小家电本身。

▪厨房小家电类日久会积存大量油脂和碳化物，最简单的清洁办法就是用不锈钢膏和百洁布物理摩擦来除掉。

▪而玻璃塑料类小家电表面的油脂和污渍用纳米海绵和洗碗膏就能轻松擦除。

·小家电的清洁在《收放自如才是家》中有更详细的介绍。

▪水垢类污渍用食用柠檬酸煮洗（水壶、豆浆机等）。

▪泡洗（一些配件、外盖等）。

▪湿敷后用厨房纸巾蘸取柠檬酸水后覆盖污渍处。

▪而一些缝隙、角落经过一般刷洗都能解决。

► 咖啡茶水区

咖啡茶水区在前面的食物储藏区部分已经有详述，这里需要提醒的要点如下。

⇧

• 水垢部分使用柠檬酸清洁。

⇧

• 塑料外壳部分用纳米海绵蘸取洗碗膏解决。

• 台面如出现染色，喷厨房泡沫漂白剂，几十秒就能去除。

• 注意食物的保质期及霉变情况，以便及时丢弃。

⇦

▶ 碗碟锅具收纳区

现在很多厨房在初始设计中就考虑了独立的碗碟锅具收纳区，这样的好处是拿取碗碟不会和正在烹饪的人形成动线交叉。

厨房除了清洗柜体外，还要彻底清洁各类锅具。

（动线及锅具的清洁在《收放自如才是家》中有更详细的介绍。）

不锈钢锅

▪ 可加不锈钢膏擦拭。

珐琅锅

▪ 可加五洁粉擦拭。

陶瓷锅

▪ 可用小苏打煮洗后再用百洁布擦拭。

不粘锅

▪ 锅底部分可加不锈钢膏擦拭，内部用小苏打煮洗。

这样每天做一点点，不知不觉中就清理完了家中最难清理的空间，这么多的工作如果集中在一起一次性完成太吃力了，困难的事情拆分做是我们需要学会的。

我们把工作化整为零，一个区域一天，全部做完后再查漏补缺，看看哪里有不足的地方。比如，高处裸露的墙面可以和顶棚在同一天清洁，地面的一些死角可以单独拿出一天来清洁。

在整个春季把厨房按区域拆分、整理、清洁，真的不是件难事。春季结束后迎来初夏，我们又要解决哪部分呢？

在这之前，不要忘记春季的表格呦！

立春 | 雨水 | 惊蛰 | 春分 | 清明 | 谷雨

春季清单

厨房

1 · 厨房顶棚、高处墙面清洁 ·············· ☐

2 · 烹饪区 ·································· ☐

    油烟机

    灶台

    调料区

    灶台下的锅具收纳区

立春｜雨水｜惊蛰｜春分｜清明｜谷雨

春季清单

春

厨房

3 · 清洗区 .... ☐
　　柜体内外
　　下水道

4 · 食物储藏区 .... ☐
　　蔬菜水果篮
　　柜体及收纳工具
　　冰箱内外

5 · 小家电区 .... ☐

6 · 咖啡茶水区 .... ☐

7 · 碗碟锅具收纳区 .... ☐
　　柜体内外
　　锅具

赤脚丫、西瓜皮、条纹衫、蚊子包……
——长夏来临了。

⇨ **四季整理法（夏）**

初夏来临了，夏季是整理衣橱的好季节。

为什么不在春季做呢？春秋不是传统换季整理衣物的季节吗？

春季忽冷忽热，有时厚衣服还会再拿出来穿，厚被子也要备用，加上春雨连绵，其实不是收拾织物的好季节。反倒是初夏不会像春天那样多雨，阳光也比较强，气候相对稳定，适合晾晒。

我们在晾晒整理的同时，正好把衣柜（衣帽间）做一次彻底的大清洁。

还真的是有点道理呦。

我都有点迫不及待了，毕竟都快忘记去年这个时候都有些什么衣服了。

哈哈哈，那让我们开始吧！

衣橱部分的整理比清洁更为重要，只有把衣橱整理好，后续的使用才能更方便，否则，花了大量时间清洁干净，没几天又杂乱不堪，如此往复，既花精力又无成效，很令人沮丧。

我就是这样，用两天整理好，结果一周就乱了，找什么都找不到，越来越乱，实在看不下去再收拾一遍，好累啊。

整理衣橱的关键是空间决定数量，简单讲就是衣物体积最多占到整个收纳空间的 80%，保留 20% 的灵活空间，而不是衣物占满收纳空间了还不断地往里塞。

20%

道理我都懂，可是我控制不住自己啊，就想买买买，总觉得自己没有新衣服穿。

所以，我们除了用大空间来控制数量，还要用其他方法配合。

一次性让我整理这么大个衣柜还真的挺累。

我们可以分解啊，和厨房一样，比如，今天收拾孩子的当季衣物，明天收拾孩子的过季衣物，下次再收拾床上用品……这样每天做一点儿，整个夏季长着呢，根据自己的节奏慢慢来。

首次整理时，把当日准备整理的所有衣物全部拿出，依旧先整理分类——保留、丢弃、犹豫不定。

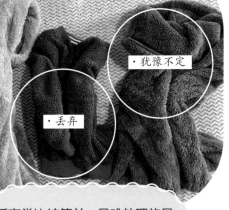

·保留

·丢弃

·犹豫不定

丢弃类比较简单，最难处理的是犹豫不定，在《收放自如才是家》里我讲过，可以准备一个反悔箱收纳这类衣物，但这类衣物最好不要超过总数的10%，超过这个数量就需要重新审视一遍。

反悔箱我知道，可是对我来说没什么用，放在衣柜里，我看见了就想翻一遍，翻着翻着还是不舍得处理……

所以，我们需要合适的地方放置它，要放在平时不怎么看得到，拿取又极不方便的位置，放上一年再来看，如果隔了一年也没想起它，那么真的可以处理掉了。

家里除了衣服，其他物品也同样可以这样操作吧?

是的，所有让你犹豫不决但又用不上的物品都可以这样操作。

那么剩下的就只有保留类啦，这类物品我们究竟该如何控制数量呢?

控制数量有以下这些方法。

1. 做好分类，同类衣物收纳在一起 ⇨

⇦ **2. 用收纳工具来控制**

比如，孩子毛衣用一个抽屉来收纳，总数永远不超过这个抽屉的容纳空间，一旦超过就要考虑处理掉穿着频率最低的部分。

3. 用衣架来控制

如购买 100 个衣架，留 10%，即 10 个衣架的空间作为机动空间，一旦这 10% 快满的时候，就要考虑处理一部分或停止购入新衣服。

4. 用使用频率来控制

这几年，我一直在记录每件衣服的穿着频率，这样有两个好处。

• 可以看出自己的偏爱，哪一类衣物穿得最多，那么以后购买方向就偏向这一类。

• 可以看出哪些衣服几乎不穿，一件衣服连续两年都没过两次，那么就可以处理了。

那床品的数量是不是也用类似方法呢？

床品分被褥和四件套，被褥类南北方差异非常大，如长江流域，尤其是江浙沪地区，冬季寒冷，且大部分家庭没有暖气，被褥的数量就相对多一些，为了控制数量，我们可以购买子母被。

■ 所谓子母被就是一床子被（偏薄）加一床母被（偏厚）的组合。

■ 夏季可以用子被，春秋则用母被，冬季将这两床被的四角和四边的连接扣连在一起就成了一床厚被，搭配毯子等就可温暖过冬。

每家情况不一，根据频率和人员算出适合的被褥数量。

那么四件套保持怎样的量合适呢?

其实,我们可以分开购买四件套,如床单、床笠单独购买,被套根据实际需求购买。一般来说,一张单人床的话,两条床单、三个被套就足够了。

哦,我懂了,如果我家三张床,三个人一人一张的话就是乘以3喽?

错,三张单人床型号相同,完全可以交叉使用,不需要乘以3那么多,床单五条、被套七八个足矣。当然,这里建议的都是相对精简的量,每个家庭需求不同,可根据实际情况增减。而精简物品也会让我们的扫除更为轻松。

被褥和床品的收纳也很令人头疼呢，这样叠放被套真不好拿，想拿下面的，上面的就要倒了。

在上本书中，我详细讲过竖立收纳法，改变思路，全都竖立起来收纳就没问题啦。

那被子呢？

被子也是如此，购买这样的收纳袋，并排竖立收纳，把手挂上标签，需要哪个抽出哪个就行啦。

我用这样的箱子装好几床换季被褥放在衣橱最上面不行吗？反正换季了，暂时也用不上了。

高处物品一定要轻便，不然在搬动时会有掉落危险。我们可以购买这样轻便、小型、带把手的收纳袋，并列放置，这样每一袋物品都不重，不会发生危险。

收纳用品必须用在正确的位置上才能发挥最大的作用。

你在《收放自如才是家》中推荐过这样的 pp 塑料抽屉，还有这样的收纳盒，那究竟哪个好用呢？

比如，抽屉不适合在超过视线的位置收纳，超过视线的位置更适合用收纳袋或者轻便收纳盒。

而较高的空间，用抽屉叠放更适合。总体来说，轻便、小巧的高处放，大体积的低处留。

对于衣架的选择，你有什么建议呢?

市面上的衣架种类繁多，我们要根据悬挂的衣物和实际空间来选择，能悬挂的衣物尽量挂起来，实在挂不下或不适合悬挂的再选择折叠。这样一目了然，就不会出现找不到的情况了。

① 根据空间。

▪如果空间大、衣物少，对品质有一定要求的家庭可以选择实木衣架。实木衣架质感好，厚度足够，尤其适合挂大衣、西服、衬衫。

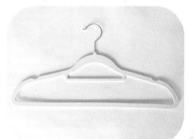

▪如果空间狭小，衣物数量多，可以选择超薄型衣架，特别节省空间。

② 根据挂的衣物品类。

▪ 比如，容易出将军肩（肩部鼓包）的衣服可以选择弧形衣架。

▪ 宽厚的大衣除了可以用实木衣架，也可以选择较厚的塑料衣架。

▪ 西裤选择专用裤架，不容易留折痕。

▪ 牛仔裤类可以选择薄型衣架。

③ 尽量选择多用途衣架。

▪ 比如，既可以挂衣服又可以挂吊带，还能挂裤装、裙装的衣架。

④ 可选择干湿通用的衣架。

▪ 这样洗完衣服晾干后直接挂回衣橱即可，免除了叠衣和换衣架的麻烦。

⑤ 在衣架的选择上要注意质量，光洁无毛刺是最基本的要求。

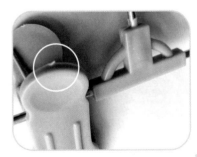

我大概知道衣橱该
怎么整理了！

那你说说看。

· 学会控制数量。 ⇨

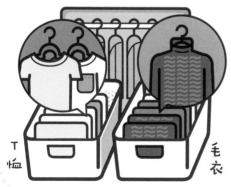

⇦

· 衣物、床品等
　都要分类放置。

T恤　　毛衣

· 重的物品往下放。

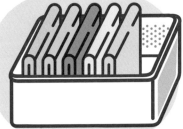

· 不论衣物还是床品、被褥，都要学会竖立收纳。

· 衣服能挂的就不要叠，悬挂更节省打理和寻找的时间。

· 根据自家空间和衣物数量及品类来选择合适的衣架及收纳工具。

· 抽屉类的收纳工具适合在视线以下，而小巧轻便的收纳袋适合高处。

· 反悔箱要藏在平时看不到和不易拿取的地方。

学得挺快嘛，好，那就根据这些整理吧。

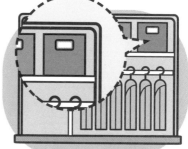

那衣帽间或衣柜的清洁怎么做呢?

这个比厨房简单一些,就是以下几个部分。

① 墙面顶棚及夹角

② 收纳工具

③ 柜体内外

④ 踢脚线及地面

我们来一项一项说，依旧是从上到下、从里到外的顺序。

墙面顶棚及夹角的清洁比较容易，一般衣帽间都是乳胶漆或墙纸的墙面。

▪用静电拖把夹静电干巾吸附灰尘就能打扫干净。

▪夹角可用静电除尘掸吸附。

▪如果衣帽间是敞开式的，在清洁前要注意用大块塑料薄膜覆盖衣物，避免衣物被落下的灰尘污染。

收纳工具一般分塑料和布艺两种。

① 塑料收纳工具可以用酒精湿巾擦净内外。

▪如果遇到顽固污渍可用纳米海绵配合洗碗膏或牙膏、油污净擦除。

▪擦前。

▪擦后。

② 布艺收纳工具能放进洗衣机的可以用
轻柔洗，不能放进洗衣机的，步骤如下。

▪ 先用酒精湿巾简单擦拭。

▪ 再加布艺干洗剂擦除明显污渍。

▪ 最后在阳光下晾晒半小时，
干透后再使用。

③ 塑料衣架出现污渍，可以用纳米海
绵配合洗碗膏擦洗干净后，彻底用水
冲净晾干即可。

▪ 擦前。

▪ 擦后。

▪ 实木衣架只需擦除表面浮尘即可。

柜体内外都要先除尘，用静
电干巾或者静电除尘掸均可，
先把尘絮、纤维等吸附干净
再擦拭才不会出现一条条的
黑色絮状物。

吸附后用湿抹布彻底
擦干净柜体内部。使
用湿抹布也有讲究哟。

① 选择超细纤维抹布。

② 展开并打湿抹布四分之一的
面积，达到略潮湿、不滴水的
状态即可。

③ 对折。

④ 再把潮湿的一面对折进去使用。

▪ 干的一面包住湿的一面，湿面的水分会慢慢往干面渗透，干面的湿度会逐步达到最佳状态，擦拭柜体不会留水痕。

▪ 擦完一面换另一面，等外部干的那面用完，内部的水分就会被干面吸收，达到最佳湿度，这样我们就不需要频繁地洗抹布，节省了时间和力气。

▪ 如果柜体有难以擦除的污渍，可以喷上电解质水擦拭。电解质水是无味、温和、安全的碱性清洁剂，不需要再用抹布擦除残留。

清洁踢脚线及地面，踢脚线部分
依旧先使用静电除尘掸擦拭。

▪ 衣帽间尘絮和纤维特别多，所
以地面部分依旧是先除尘再湿
拖。除尘用静电拖把夹静电干巾
吸附，或用吸尘器直接吸尘。

 ▪ 再用平板拖把夹湿抹布或者
一次性抹布拖干净地面即可。

▪ 扫地机器人和洗地机并不适合
这个空间，因为很多家庭衣帽间
狭小且死角众多，必须使用灵活、
小巧的拖地工具人工擦拭，才能
彻底打扫干净。

关于衣物清洁在《收放自如才是家》里已有详述，这里要补充的是洗衣液的认知部分。市面上有很多种洗衣液，增白的、加酶的、无磷的、除菌的等，那么它们有什么区别呢？

1. 普通洗衣液

即无任何其他特别说明的普通碱性洗衣液，除羊毛、蚕丝等娇贵面料，其他面料衣物基本都适用。

2. 除菌洗衣液

一般都是在洗衣液里添加了除菌成分来达到杀菌的目的，也可用普通洗衣液 + 衣物除菌液来达到这个目的，混洗衣物较多时建议使用这类带除菌功能的产品。

3. 无磷洗衣液

主要就是成分比普通洗衣粉少了磷酸盐。磷酸盐可能会导致天然水系富营养化，所以有了无磷洗衣液。但是少了磷酸盐，清洁力会降低，因此，这样的洗衣液一般都会增加其他助洗剂来平衡。

4. 加酶洗衣液（内衣）

在普通洗衣液里加了碱性蛋白酶，更适合清洁蛋白质类污渍，所以对血渍、人体分泌物会更加有针对性，清洗贴身衣物、床品等都很适合。需要注意的是，这种洗衣液必须配合温水洗，否则达不到预期的效果（一些酵素洗衣液中的酵素也是一种酶）。

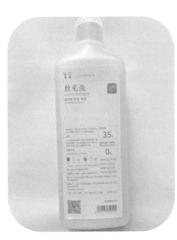

5. 加漂洗衣液（包括彩漂）

一般是添加了氧系或氯系产品起到漂白作用，这些洗衣液都不能用于蚕丝、羊毛等面料，购买时要分清加的是过氧化物还是氯漂。氯漂不适合彩色衣物，常温或温水洗涤都可以；氧漂（彩漂）适合彩色衣物，温水洗涤效果好。这类漂白洗衣液要和增白增艳洗衣液区分开，增白洗衣液一般会添加荧光增白剂，用热水洗涤效果更好，不喜荧光剂的人在购买此类产品时要注意看成分。

6. 中性洗衣液

（包括羊毛衫、丝绸专用洗衣液等）

这类洗衣液大都是为娇贵面料或特别介意碱性洗衣液的人士准备的。

7. 深色衣物专用洗衣液

加了固色的成分来减少褪色。

8. 针对高温的洗衣液

适用于高温杀菌清洗。

9. 衣领净

主要成分是表面活性剂和碱性蛋白酶，喷在织物上需要停留一段时间，发生反应后再清洗效果比较好。因为有蛋白酶，所以用温水洗效果更好（但对于一些蛋白质纤维面料和深色衣物，可能会引起面料损伤或脱色）。它属于预洗剂，就是在衣物全面清洗前，用来去除局部污渍的衣物清洗剂。

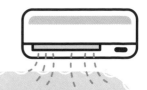

好啦, 关于衣帽间(衣柜)的清洁就这样结束了。夏季除了这项大工程外, 还有一项小工程, 那就是清理空调。

空调每年都要彻底清理两次: 夏季一次、冬季一次。我们可以选择请专业人士上门进行整体清洁, 但使用过程中最好也要进行多次清洁。步骤如下。

① 将滤网取下彻底水洗干净再晾干。

② 用静电除尘掸掸尘, 掸时注意用卷的力量, 不要随意乱掸, 那样会把灰尘扬到空气中。除尘掸能很好地吸附犄角旮旯的灰尘, 吸附完再用抹布擦, 就不会形成一条条的黑絮。

③ 用超细纤维布擦拭，它的吸附力比较好，不会形成毛絮。记得前面讲过的使用方法吗？

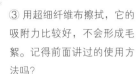

▪ 叠成正方形的多层，擦脏一面换另一面来减少反复搓洗的多余工作。空调位置较高，如果把抹布随意一卷便擦拭，不讲究方法的话，抹布很快就全部脏了，上上下下洗抹布会很辛苦。

④ 基本清理干净后，用空调消毒剂喷散热片。需要注意的是，一定要戴口罩，不要把喷出的雾气吸入呼吸道。

⑤ 喷好后复原洗干净的滤网，开空调 15 ~ 30 分钟，让脏水自然从排水管流出，这个时候会有少量的液体从出风口喷出，要注意用纸张遮挡一下，也可以用干净的抹布或者纸巾把出风口的水珠擦干净。

⑥ 最后再用干净抹布把空调外壳残留的消毒液擦干净即可。

这项工作在空调使用期间最好每月做一次，否则空调滤网散热片上的细菌、螨虫聚集，吹入空气中对健康不利。

这个简单，应该很快就能完成。

是的，一台空调半小时就清理完了，每天清理一台一点儿也不累，还能带来清新、洁净的空气，很值得。

这样，夏季的任务就完成啦，其他时间让我们更好地享受生活吧。

立夏｜小满｜芒种｜夏至｜小暑｜大暑

夏季清单

夏

空调

1·滤网 ☐

2·除尘 ☐

3·湿擦 ☐

4·使用空调消毒剂 ☐

5·擦干净表面 ☐

立夏 | 小满 | 芒种 | 夏至 | 小暑 | 大暑

夏季清单

夏

衣橱

1 · 整理　　· · · · · · · · · · · · · ☐

按人员或季节等分时段整理

2 · 分类　　· · · · · · · · · · · · · ☐

同类衣物集中放置

3 · 清洁　　· · · · · · · · · · · · · ☐

清洁顶棚、墙面

清洁收纳工具

清洁柜体

清洁踢脚线、死角、地面

4 · 收纳　　· · · · · · · · · · · · · ☐

根据使用频率收纳在相应位置

可购买收纳工具来拓展使用空间

初秋燥热，深秋萧瑟，还是中秋好。 **⇨ 四季整理法（秋）**

一年中最美好的季节来了，秋季大部分地区气候干燥、温度适宜，特别适合洗晒。在洗晒的同时再做一番整理，就能清清爽爽进入冬季。

秋季的任务大多是零散的，主要分为以下几大项。

夏季电扇的清洁及收纳

沙发、地毯类织物的清洗晾晒

冬季被褥的提前晾晒

毛绒玩具的分组收纳

书籍类的通风清理

鞋柜的清洁整理

看着似乎任务不重呢，有很多前面都做得很好了。

其实分散到每个季度来说，四季的任务都不重，只要将它们化整为零，就没有任何压迫感了。

我们先来一起
清洁电扇吧。

▶夏季电扇的清洁及收纳

每款电扇的型号不一，可拆卸程度
也不同，不能拆的部分不要硬拆，
容易拆坏，尽力即可。

下面仅是示例，大家量力而为。

① 拆下风扇前盖，这里演示的
风扇背后有四个卡扣，按下去就
能分离。（有的风扇会有螺丝固
定，观察一下侧面或后部。）

② 有的风扇扇叶部分可以拔出，电机部分能拆除的也拆下来。

③ 用纳米海绵、刷子和流动水清洗前盖和扇叶。

④ 用干刷子刷除电机和后盖的灰尘，细小部分可以用棉签清理，塑料部分可以用潮湿的纳米海绵擦干净，但注意不要弄湿电机。

⑤ 晾干复原即可。

⑥ 装入棉布或者无纺布袋收纳在干燥的空间。

这类落地扇，洗净晾干后可以上下各套一个无纺布袋再收纳在干燥处。

我家是落地扇怎么办呢？

电扇每年用完都这样清理干净后再收纳起来，就不会被厚厚的灰尘包裹，吹出的风也会更清新。在使用过程中也可用刷子或除尘掸经常清理一下浮尘，以保证电扇的清洁度。

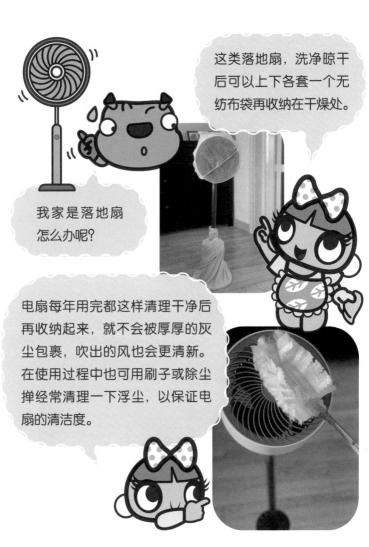

沙发有不同的材质呢。

▶ 沙发、地毯类织物的清洗及晾晒

1. 沙发的清理

▶ 布艺沙发

对，沙发大体分为三类：布艺沙发、皮质沙发和实木沙发。我们一个个讲解。

很多布艺沙发是不能拆卸的，平时在使用过程中就要注意避免弄脏。

如果沾染了污渍，可以购买布艺清洁剂或者羽绒服干洗剂这一类产品进行局部清洁，这类洗剂因为含有速干剂，不太会残留过多水分渗入沙发内部，所以做局部清洁非常适合。清洁步骤如下。

① 把布艺清洁剂直接喷在污渍上，静置一两分钟。

② 用略湿的毛巾反复擦，直到污渍擦除（擦脏一面换一面）。

③ 用干毛巾擦除水分后，用电吹风的温风吹干，以避免水痕的产生。

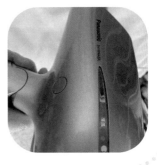

平时可以用大吸力吸尘器或者大
吸力除螨仪来进行日常维护。

如果污渍面积太大，建议
使用布艺清洁机或者请专
业清洁人员上门清理。

▶ 皮质沙发

皮质沙发的清洁保养其实类似于
皮包、皮鞋，在日常使用中，浅
色比较耐脏，偶尔有汤汁类的污
渍，用湿抹布擦除即可。

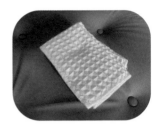

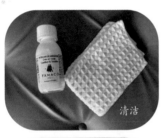

清洁

▪ 浅色沙发纹路内特别容易
积存污渍，我们可以购买专
业的皮具清洁剂，清洁后使
用专业养护产品。

保养

▪ 部分翻毛皮不能用水清
洗，遇水很容易硬化，可购
买翻毛皮专用清洁剂清洁。

▶ **实木沙发**

▪ 实木沙发是最容易清洁的，经常用除尘掸把灰尘掸干净即可。

▪ 如果是未上漆的高档木材，不要经常用水擦拭，平常用干燥的棉质抹布擦拭可让沙发更光亮，个别污渍用棉布蘸取凡士林擦除。

这么比较的话，我以后要买实木的。

都是各有优缺点啦，购买时需要自己和家人一起反复去试，找到适合自己的。

2. 地毯的清理

我不爱用地毯，清理起来太累，太麻烦了。

选择易清理的材质和尺寸，大家都可以拥有温馨感满满的地毯。

地毯的日常清理类似于前面的布艺沙发，比如，局部污渍可以用地毯布艺或羽绒服干洗剂清理，定期使用大吸力吸尘器或者除螨仪维护。

▪ 薄型的棉质或者人造纤维地毯可以直接水洗，一般来说，小于 2m×1.5m 的薄型地毯可以放进容量为 10kg 的洗衣机清洗，大于这个尺寸则必须人工清洗。

▪ 羊毛、蚕丝或注明不能水洗的地毯直接送干洗店或请人上门进行专业清洗。

▪ 小块地垫、吸水垫、沙发垫都可以直接放进洗衣机清洗。

▶ 冬季被褥的提前晾晒

为什么秋季就要开始晾晒冬季被褥呢？

之所以选择秋季提前晾晒，是因为进入冬季后，南方普遍多雨，很难找到强日晒的天气来杀菌、消毒、干燥，而秋季紫外线强，好天气也多，适合晾晒。

那不同的被子是不是晾晒方式也不一样呢？我听说蚕丝被就不能晒。

你说得很对。

▪羊毛、蚕丝类被褥不要在阳光下直接暴晒，放在阳台内通风处，隔纱窗通风一两个小时即可。这类被褥直接暴晒容易让蛋白质部分提前老化，而隔着纱窗的秋日暖阳十分适合。

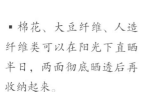

▪羽绒类要避开夏季直晒的强光，深秋的阳光下直晒几个小时就完全可以了。

▪棉花、大豆纤维、人造纤维类可以在阳光下直晒半日，两面彻底晒透后再收纳起来。

晾晒后被褥的收纳

被子我都是乱塞，哪里有空就往哪里塞，塞不下就用大整理箱一装扔橱顶了。

那可不行，被褥的收纳也要讲究方法呦。

▪晒干燥的被褥要放凉后再收纳起来。

▪被褥的收纳也可以采用竖立收纳法。(购买轻质收纳袋，将1~2条被褥放入一个收纳袋，并排收纳在衣柜下方。注意：厚重的被褥尽量收纳在下方，而不要放在柜顶，顶部收纳太重的物品，安全性得不到保障。)

▪ 不是特别厚的被褥，可以采用卷起的收纳方法来压缩一下内部的空气，省出更多的空间。（但需要注意的是，市面上的压缩袋并不适合羽绒、棉花这类天然纤维的被褥，过度压缩后会让纤维断裂，第二年无法完全恢复到原始的蓬松状态。压缩袋更适合人造纤维类被褥、毯子和毛绒玩具。）

▪ 收纳被褥的收纳袋内放入防潮防蛀产品，以避免异味。

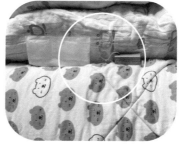

▪ 收纳袋外要贴上标签来注明内部具体物品。被褥外形都十分类似，如果不用标签识别的话，就要一个个打开翻找，非常麻烦。

▶ 毛绒玩具的分组收纳

等等，这个前面不是
讲过吗?

虽然日清洁和周清洁都
讲过毛绒玩具的清洗，
但这里依旧要强调一下。

有部分家庭毛绒玩具数
量特别多，即便做到每
周都循环清洗，收纳也
是个大问题。

① 除了带电的毛绒玩具或者限量珍藏版毛绒玩具，大部分毛绒玩具都可以直接放进洗衣机清洗。

② 玩具数量太多的家庭可以采用轮换制，如 10 个为一批，这个月玩这 10 个，下个月换一批，暂时不玩的毛绒玩具可以 10 个一组放进压缩袋收纳。

■ 因为毛绒玩具都较轻，只要不是特别大型的，用小收纳袋并列收纳在衣柜顶部是完全可以的。

■ 空间允许的话也可以分组放进收纳袋，一组一个收纳袋，收纳在衣柜顶部。

③ 不要一次性在外面放置过多的毛绒玩具，一是容易吸附灰尘，二是毛绒玩具也是螨虫重灾区，加上小孩子玩耍时产生的汗液、口水、油脂，非常容易藏在玩具里，从而导致孩子过敏。

▶ 书籍的通风清理

是的，《收放自如才是家》里详细讲述过书籍的保养方法，这里主要讲解书籍的收纳。

我记得上本书中我俩讨论过书籍。

1. 分类

书籍收纳最重要的是分类。可按照使用人、尺寸、国家、作者、系列、颜色等多种方式分类。

我们可以先按照使用人分
类，如丈夫、妻子、孩子，
划分出属于各自的区域。

（如果妻子和丈夫没有特别
的喜好，可合并成一个区域，
留出一个小空间专门放置各
自喜爱的书籍即可。）

丈夫

妻子

孩子

非常用类

常用类

成人的部分在属于自己
的区域里再分类，如常
用类和非常用类。常用
类里按照国家、作者或
其他适合自己的方式分
类，再根据分类放置到
对应空间。

2. 定位

除了分类，定位也十分重要。这里的定位是指按照分类放入固定位置后不再轻易变动。比如，文学作品全放在一排，然后一个格子一个国家，没有特别情况就不再轻易变动，这样每次看完再复位，下次要寻找书籍就非常容易了。

3. 编号

书籍特别多的家庭还可以学习图书馆的管理模式，根据书柜编号，制成电子表格管理。比如，1号书柜全部是画册，再分成中国画册（1.1）和外国画册（1.2），再根据画家或者年代进行细分（1.1.1、1.1.2、1.1.3……），每一类都有属于自己的编号，这样通过电子档就能轻易找到自己需要的书籍。

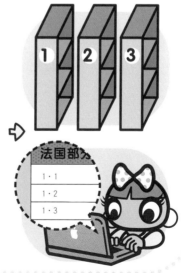

4. 美观

美观也是非常重要的一环，有很多书柜明明摆放得非常整齐，为何依旧看上去杂乱不堪？如果我们学会下面的几个方法，就会大大改善视觉上的杂乱感。

① 书柜进深过深的话，书籍不要前后放置，尤其是后部放置书籍、前部放置装饰品的做法不可取，这种展示方式特别容易产生混乱感，装饰品尽量与书籍上下叠放或并排放置。

② 如果是长度超过 1.2m 且没有隔断的书柜，书籍的展示要有节奏感，不要一排到底，可以用"竖排 + 横排 + 收纳盒或装饰品"的混排方式，来打破单一的排列方式带来的呆板的感觉。

③ 注意书的宽度及高度，宽度不一的书，尽量按照尺寸从大到小排列，高度不一的亦是如此。

④ 颜色也要注意，遵循上轻下重的原则，颜色深、尺寸大的图书尽量往下排，减少视觉压迫感。

⑤ 过于破旧或尺寸难以统一的书籍可以先放入收纳盒再放入书柜，这样可以让书柜看上去更整洁。

⑥ 在收纳工具的选择上也要注意，深色的柜体适合藤编、木质、皮制等有一定体量感的收纳工具，但尽量少用白色且有塑料感的收纳工具，这类收纳工具搭配深色家具会产生廉价感。

而白色书柜由于颜色原因可以选择白色塑料收纳盒。

⑦ 收纳工具尽量选择统一的颜色或同一系列的产品，这样秩序感会更强。

其实，书柜的收纳是属于展示型收纳的范畴，将书籍精心摆放及收纳，书柜会变得既好用又好看。

这里还要强调一下儿童书籍的收纳。

和成年人的书籍有什么不一样吗？

孩子是不断成长的个体，阅读的书籍会随着年龄的增长而不断变化。

那要怎么收纳呢？

在孩子的书籍收纳上，我们要分为四个部分形成轮换制，采用轮换制可以减少很多收纳上的麻烦。

这四个部分为：

① 暂时未看的 ② 正在阅读的
③ 已经看过的 ④ 准备处理的

很多家庭的书籍展示空间很有限，采用轮换制展出正在阅读的部分即可。

然后，用整理箱收纳剩下的三个部分，再贴上标签，收纳在其他位置。

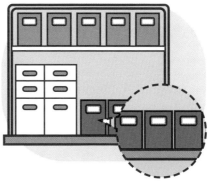

这三个整理箱和正在阅读的部分不断形成循环，如以一个月为限，将暂时未看过的一部分挪到正在阅读的位置上，再把正在阅读的一部分挪入已经看过的整理箱，把已经看过的挪入准备处理的整理箱，如此循环。

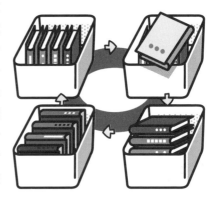

如果经常把已阅读或待处理部分拿出复读，也没有关系，我们只要划分这四个区域，定期轮转，就不会出现大的偏差。如果分区不明确，书籍都挤放在一起，就会出现很多书没有读过而不知的情况。

这样的好处是让孩子能最大限度地阅读所有书籍，也能更快判断哪类书籍是孩子更喜爱的。我们可以定期调整，陪伴孩子进行更多、更广的阅读。

在这四个区域里，每个区域也要按照一定原则进行收纳。

① 遵循二八原则，永远不要把空间完全塞满，尽量留出 20% 的机动空间。

② 根据自己的实际空间收纳，这四个区域可以是柜子，也可以是箱子、篮子，没有特定的收纳工具。

③ 收纳时要注意排列顺序，根据前新后旧、上新下旧或者左新右旧的方式排列，不要打乱。

左新　　　　右旧

④ 学会引导孩子阅读，孩子不太感兴趣的部分书籍可以采用强调型展示法来引起他们的注意。

⑤ 部分孩子特别爱读的书可以分配区域集中收纳，不进入日常循环。

好啦，儿童书籍展示收纳大家学会了吗？同时，我们可不要忘记，在整理书籍时把卫生一起做了吧。

书柜的日常清洁非常简单，准备静电除尘掸，两三天掸一次就能保证基本的清洁。

到了季度大清洁时，我们可以分区进行，如分上、中、下三区，一天清洁一区，不需要一次做完，每次取出一格，清洁完一格复位后再清洁下一格。清理书柜的方式和衣柜相同，都是"除尘—湿擦—局部污渍用纳米海绵擦拭"。

这样看来，书柜的收纳很有讲究呢，需要结合自己的实际情况来慢慢调整。

是的，每家情况差异太大，适合自己才最重要。

► **鞋柜的清洁整理**

是的，在周加强中我们着重讲过如何打理一周穿过的鞋，如果每周都简单整理本周穿过的鞋子的话，到换季清洁的时候就会很轻松。

我记得在周加强里详细讲过一部分。

我们主要的工作就是下面几项。

1. 清洁鞋柜

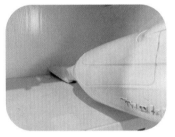

鞋柜的材质和衣柜相同，但不同的是，鞋柜的污渍可能会比衣柜重，且可能带有泥沙，所以在除尘阶段用吸尘器会更适合。

▪ 先用吸尘器吸去灰尘、泥沙等。

▪ 再用湿抹布配合电解水擦净柜体。

▪ 局部污渍可以使用纳米海绵去除。

2. 如无足够空间，将换季鞋
收纳在其他适合的位置

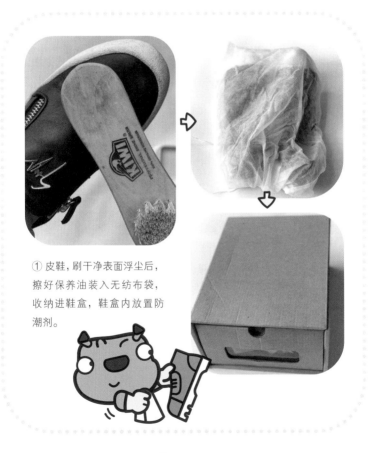

① 皮鞋，刷干净表面浮尘后，擦好保养油装入无纺布袋，收纳进鞋盒，鞋盒内放置防潮剂。

② 运动鞋，清洗干净后可直接收纳进鞋盒或无纺布袋，同时放入防潮剂（可水洗的运动鞋可以套上洗衣袋洗呦，水温不要超过30℃，洗衣机转速要调到最低）。

③ 带有羊毛等真毛的鞋子，在放入防潮剂的同时也要放入防虫剂。

④ 所有鞋子都应收纳在干燥避光处，尽量使用通风透气的鞋盒。

秋季的工作都是零零碎碎的呢，因为秋季是个出游的好季节，不必把时间都放在家务上，在游玩的空闲时间化整为零地做些家务就可以啦。

这里也同样准备了家务表格，跟着表格走就行啦。

立秋 | 处暑 | 白露 | 秋分 | 寒露 | 霜降

秋季清单

秋

家居用品

1·夏季电扇的清洁及收纳　☐

2·沙发、地毯类织物的清洗晾晒　☐

3·冬季被褥的提前晾晒　☐

4·毛绒玩具的分组收纳　☐

书籍

1·儿童部分　☐

2·成人部分　☐

3·书柜内外的清洁　☐

鞋柜

1·清洁鞋柜柜体内外　☐

2·打理换季鞋后收纳　☐

江南、江北的雪都下不大，
因此冬季盼大雪胜过所有的节日。

⇨ **四季整理法**（冬）

一年中最寒冷的冬季来啦，冬季也是节日气氛最浓的季节，元旦、春节、元宵接踵而至。在春节之前，大部分家庭都要进行大扫除，扫清一年的尘霾，迎接新的一年。

我实在不想在节日来临的时候大扫除。

是啊，本书不就是让你避免这种情况发生嘛，只要跟着书一起做清洁工作，大家在春节大扫除环节就会轻松很多，我们只需要加强下面几项即可。

① 换洗窗帘

② 洗纱窗、擦窗户

③ 换洗被褥

④ 着重清理卫生死角

⑤ 布置新年新家

▶ 换洗窗帘

普通窗帘可以直接放入
洗衣机清洗。

清洗时，脱水转速调到最低，
可以最大限度地防止窗帘产生
褶皱，脱完水可以不用晾晒，
直接悬挂使用，窗帘里的水分
和悬挂时产生的向下的拖拽
力，可以避免窗帘出现褶皱。

我家就是普通棉布
窗帘，很好清洗的。

如果有标注不能水洗或者尺寸过大的窗帘，需要送洗，送洗的窗帘拿回家后尽量拿到通风处通风，待干洗药水挥发完后再悬挂。

但我家有一面特别大、特别厚的窗帘，洗衣机都塞不下。

▶ 洗纱窗、擦窗户

关于纱窗的清洁在《收放自如才是家》里也有详细叙述。

是的，所以这里简单讲一下就可以啦。

① 能拆卸的纱窗拆下用热水、纳米海绵，再配合浴室清洁剂就可以擦洗干净。

② 如果是厨房纱窗，用热水、纳米海绵和厨房油污净更适合。

③ 不能拆卸的纱窗，要注意平时经常用吸尘器吸尘，用平板拖把夹湿抹布定期擦拭朝内的面，年度大清洁时喷好浴室清洁剂，再用纳米海绵清洁朝内的面即可。

不能拆卸的窗户最大的问题是擦不到朝外的面，但纳米海绵是特别好用的工具，能最大限度地擦干净纱窗。

除了洗纱窗还要擦窗户呢，我最讨厌擦窗户了。

擦窗户的部分可以找专门清洁窗户的家政人员来帮忙，他们的工具和经验都比我们丰富，很快就能解决擦窗户的难题。

好的！很快就到了！

如果是自己清理的话，可以购买或者租借擦窗机器人，除了个别死角，擦窗机器人能把双面都擦得非常干净。

没有经验的话，大部分的人工双面擦窗户器很难用好，实在擦不了外侧就不要勉强，把内侧擦净即可。

▪擦内侧玻璃可以先用平板拖把夹湿毛巾进行初清洁，个别死角再用手拿抹布擦拭。

▪抹布可以选用超细纤维抹布、麂皮抹布和鱼鳞布。

▪ 也可以利用水刮。

▪ 先在窗户上喷好玻璃水。

▪ 再用水刮呈 U 形刮除。

▪ 最后用鱼鳞布再擦一遍，去除部分水痕残留，这样玻璃就可恢复光亮。

▶换洗被褥

再次简单整理衣柜。

冬季又是大换季的季节，我们会在收纳夏秋衣物的同时，拿出冬季衣物。此时，我们可以进行局部的清洁和整理，再次审视自己的衣物，有没有需要处理或添置的。

又要整理衣柜啊。

还要把东西搬出，来一次彻底清洁吗?

这次我们不必像夏季那样大费周章，简单清理即可。

① 夏秋衣物比较轻薄，如果有空间，可以悬挂的衣物还是尽量悬挂。衣帽间内长期不穿的衣物，都要放入防尘袋，同时在防尘袋内挂上防潮剂。

② 牛仔长裤、短裤如没有足够空间悬挂，可以卷起，收纳进收纳盒或抽屉。

③ 毛衣、针织衫类衣物叠放进抽屉竖向收纳，上方放入防潮防虫剂。之所以放在上方，是因其挥发时会向下渗透，如果放在下方，那么上方的衣物就得不到防护。

④ 半身裙、连衣裙建议直接悬挂。

⑤ 夏季的毯子、薄被洗晒过后可以卷起，并排装入收纳袋或收纳盒，依旧遵循竖立收纳的原则，贴好标签便于辨认。

⑥ 帽子类可以用小工具装在衣柜内悬挂收纳，也可以叠放后收纳在层板上。

⑦ 收纳做好后，把冬季被褥和厚衣服放置到方便拿取的位置即可。

▶ **着重清理卫生死角**

这里的卫生死角应该主要是高处了吧？平时我们清洁不到这些地方。

是的，这里说的卫生死角包括高处的墙角、一些不到顶的橱柜顶部、灯具、低处的踢脚线、可移动家具的背后、平时清理不到的低矮处及夹角等。

还记得周加强部分讲过高处留到季度清洁再做吗？在这个时候就可以把卫生间这些部分打扫干净了。

嘿嘿，我记得。

① 卫生间高处的清洁

■顶棚和瓷砖墙壁都可以用平板拖把夹一次性抹布来擦拭干净，局部污渍可以用纳米海绵和浴室清洁剂解决。

▪ 柜子的顶部和内部可以用半潮的超细纤维抹布擦拭干净（卫生间相对潮湿，用除尘掸掸尘并不适合）。

▪ 如果平时没有仔细清理淋浴房产生的严重水垢，可以喷上除水垢剂或者高浓度柠檬酸，用纸巾覆盖后静置一会儿擦拭或者刷洗。

▪ 角落或瓷砖缝、硅胶条产生的黑色霉斑，喷上除霉产品静置 6 小时以上再冲洗，基本都能去除。

② 房间、客厅的高处夹角可用除尘掸清理，顶部和高处墙壁用平板拖把夹静电干巾擦一遍，可以把附着的一些灰尘擦拭干净。

③ 一些可以搬动的家具背面部分可以用除尘掸清理浮尘。

④ 不到顶的橱柜顶部要小心，如果长期没有打扫，灰尘可能很厚，除尘掸并不能胜任。

◁ ▪可以用吸尘器配毛刷头进行粗清理。

▪再用半潮抹布反复擦拭干净。

▪还可以在这些部位铺设一些纸张来减轻打扫的负担。

⑤ 高处的灯具尽量用干燥的工具打扫，如静电除尘掸、静电干巾，或者戴劳保手套，避免触电危险，用双手擦拭更为灵活。

⑥ 低处的踢脚线及夹角用除尘掸最为适合。

⑦ 而一些特别低矮的柜底可以用图中的
缝隙棒帮助清理。

这下我们的冬季大扫除就全部结束啦！下面就是布置我们的小家啦，让它充满节日的气氛，在喜气洋洋中过农历新年。

我好喜欢布置新年的家啊。

走吧，我们开始布置吧。

▶ **布置新年新家**

看看我家的新年装扮吧。

最后，依旧附上表格一张，不要漏掉项目呦。

立冬｜小雪｜大雪｜冬至｜小寒｜大寒

冬季清单

冬

窗户

1·换洗窗帘 ☐

2·洗纱窗、擦窗户 ☐

衣帽间

1·换洗被褥 ☐

2·衣帽间的简单整理 ☐

3·清洗夏季薄被、薄毯 ☐

4·把冬季被褥放置到方便拿取的位置 ☐

立冬 | 小雪 | 大雪 | 冬至 | 小寒 | 大寒

冬季清单

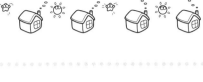

卫生间

1 · 卫生间顶棚及高处墙面的清洁 ☐

2 · 卫生间高处柜顶及柜体内外的清洁 ☐

3 · 卫生间积存的水垢及霉菌的去除 ☐

4 · 房间、客厅、顶棚、墙面的清洁 ☐

其他

1 · 可移动家具背面的清洁 ☐

2 · 高处橱柜顶部的清洁 ☐

3 · 高处灯具的清洁 ☐

4 · 低处踢脚线及夹角、死角的清洁 ☐